2022 年
养殖渔情分析

ANALYSIS REPORT OF AQUACULTURE PRODUCTION

全国水产技术推广总站　中国水产学会　编

U0239014

中国农业出版社

北 京

编 辑 委 员 会

前　言

　　2009 年，受农业部（现农业农村部）渔业渔政管理局委托，全国水产技术推广总站组织启动了养殖渔情信息采集工作，建立了我国水产养殖基础信息采集和分析机制。14 年来，在各级渔业行政主管部门的大力支持下，在各地水产技术推广部门和全体信息采集人员的共同努力下，建立了一套监测指标体系，培养了一支监测人员队伍，获取了一批生产数据信息，为深入开展产业动态监测积累了宝贵经验。

　　2022 年，养殖渔情信息采集工作继续在河北、辽宁、吉林、江苏、浙江、安徽、福建、江西、山东、河南、湖北、湖南、广东、广西、海南、四川等 16 个水产养殖主产省（自治区）的 226 个信息采集定点县、644 个采集点开展，采集范围涵盖企业、合作社、渔场或基地、个体养殖户等经营主体，由基层台账员、县级采集员、省级审核员和分析专家等组成信息采集队伍，进行数据采集和信息分析。

　　《2022 年养殖渔情分析》收录了 2022 年养殖渔情信息采集省份和全国养殖渔情有关专家的养殖渔情分析报告，以及重点品种分析报告。该书的编辑出版，不但为水产养殖渔业经济核算提供了数据支撑，为各级渔业管理部门进行决策提供了数据参考，还为广大渔业生产者把握生产形势提供了信息依据。本书的分析报告主要是基于养殖渔情信息采集数据，以及有关专家的调研分析，若有不妥之处，敬请广大读者批评指正。

　　自 2009 年以来，我们连续 14 年编辑出版了年度养殖渔情分析一书。在成书过程中，感谢农业农村部渔业渔政管理局及各采集省（自治区）渔业行政主管部门的大力支持，还有水产养殖专家的积极配合，以及信息采集人员的辛勤付出！

　　为贯彻落实党中央、国务院关于水产品稳产保供各项决策部署，适应当前渔业产业发展需要，健全渔业监测统计体系，做好新形势下水产养殖生产情况监测工作，农业农村部渔业渔政管理局决定从 2023 年开始全面启动开展水产养殖重点品种监测工作。至此，养殖渔情信息采集工作告一段落。下一步，我们将按照水产养殖重点品种监测工作的要求，针对新的监测品种、监测点，建立和完善新的工作机制，做好新形势下渔情监测工作，更好地服务于水产养殖业绿色高质量发展，为水产品稳产保供做出新的贡献。

编 者

2023 年 6 月

CONTENTS

目　录

第一章　2022年养殖渔情分析报告

根据全国 16 个水产养殖主产省（自治区）、226 个养殖渔情信息采集定点县、644 个采集点上报的 2022 年年报和月报养殖渔情数据，结合全国重点水产养殖品种专家调研和会商情况，分析 2022 年养殖渔情形势。总体来看，2022 年，全国养殖渔情信息采集点全年出塘量同比略升 0.35％、出塘收入同比增加 6.55％。淡水鱼类、海水鱼类出塘量和出塘收入均有所增加，海水虾蟹类表现突出，出塘量和出塘收入明显增长。

一、总体情况

1. 出塘量小幅上升、出塘收入稳步增加　2022 年，全国采集点出塘总量约 25.33 万吨，同比上升 0.35％。淡水养殖产品出塘量 8.31 万吨，同比上升 1.22％，其中：鱼类采集点出塘量 7.07 万吨，同比上升 2.01％，除鲤、泥鳅、鳜、乌鳢、鲑鳟等外，其他监测品种均有所上升，黄鳝、黄颡鱼、鳗等增幅较大；淡水甲壳类出塘量基本与 2021 年持平，但罗氏沼虾增幅较大，青虾减幅较大；鳖出塘量 0.20 万吨，同比下降 13.91％。海水养殖品种出塘量与 2021 年基本持平，其中：鱼类出塘量 2.04 万吨，同比上升 2.95％，石斑鱼增幅最大；虾蟹类出塘量 0.62 万吨，同比上升 16.09％，南美白对虾（海水）增幅较大；贝类出塘量 6.71 万吨，同比下降 2.51％，鲍减幅较大；藻类出塘量 7.36 万吨，同比下降 0.31％，紫菜增幅较大；其他类出塘量 0.31 万吨，同比上升 15.06％。

出塘收入方面，采集点总收入为 38.24 亿元，同比上升 6.55％。淡水养殖产品同比上升 4.50％，其中：鱼类上升 7.37％，甲壳类上升 2.94％；海水养殖产品同比上升 13.11％，其中：鱼类上升 10.72％；虾蟹类上升 82.53％、贝类上升 3.86％、藻类同比下降 46.28％、其他类上升 14.53％（表 1-1）。

表 1-1　采集点主要养殖品种 2022 年出塘量和出塘收入及与 2021 年同期情况对比

分类	品种名称	出塘量（万吨）		出塘收入（亿元）	
		2022 年	增减率（％）	2022 年	增减率（％）
淡水鱼类	草鱼	1.84	6.15	2.09	−21.42
	鲢	0.37	8.86	0.22	−3.53
	鳙	0.28	2.69	0.35	4.24
	鲤	0.65	−5.99	0.74	−12.92
	鲫	0.49	4.55	0.75	3.03
	罗非鱼	1.57	1.35	1.40	2.17
	黄颡鱼	0.31	16.46	0.69	12.13
	泥鳅	0.05	−32.11	0.11	−25.58
	黄鳝	0.10	50.22	0.65	51.89

（续）

分类	品种名称	出塘量（万吨）		出塘收入（亿元）	
		2022 年	增减率（%）	2022 年	增减率（%）
淡水鱼类	加州鲈	0.30	9.72	0.82	8.69
	鳜	0.04	−14.91	0.22	−26.16
	乌鳢	1.01	−4.37	3.24	53.23
	鲑鳟	0.05	−0.11	0.14	15.29
	鳗	0.02	597.50	0.13	602.67
	鳊	—	−100.00	—	−100.00
	小计	7.07	2.01	11.55	7.37
淡水甲壳类	克氏原螯虾	0.46	5.00	1.47	8.46
	南美白对虾（淡水）	0.17	−6.61	0.69	−7.70
	河蟹	0.36	−3.67	3.43	3.44
	罗氏沼虾	0.02	27.02	0.10	57.02
	青虾	0.03	−25.18	0.23	−14.55
	小计	1.04	−0.93	5.92	2.94
淡水其他	鳖	0.20	−13.91	0.97	−14.81
海水鱼类	海水鲈	0.76	2.09	3.25	7.23
	大黄鱼	0.45	4.11	1.78	−4.88
	鲆	0.03	−9.27	0.12	−10.31
	石斑鱼	0.05	50.37	0.28	47.55
	卵形鲳鲹	0.75	1.46	1.95	37.96
	小计	2.04	2.95	7.35	10.72
海水虾蟹类	南美白对虾（海水）	0.60	17.00	2.98	92.71
	青蟹	0.02	−6.13	0.34	−1.58
	梭子蟹	0.01	8.84	0.04	−49.31
	小计	0.62	16.09	3.60	82.53
海水贝类	牡蛎	0.94	0.21	0.75	−7.46
	鲍	0.01	−43.82	0.11	−38.98
	扇贝	1.73	3.27	0.72	9.16
	蛤	4.03	−5.18	3.57	8.01
	小计	6.71	−2.51	5.15	3.86
海水藻类	海带	6.86	−3.75	0.72	−34.78
	紫菜	0.50	94.76	0.49	121.94
	小计	7.36	−0.31	0.71	−46.28

（续）

分类	品种名称	出塘量（万吨）		出塘收入（亿元）	
		2022 年	增减率（%）	2022 年	增减率（%）
海水其他类	海参	0.21	17.58	2.91	14.28
	海蜇	0.09	9.50	0.07	26.15
	小计	0.31	15.06	2.98	14.53
合计		25.33	0.35	38.24	6.55

2. 养殖品种出塘价格涨跌互现　2022 年，养殖渔情采集点出塘价格总体上升。在重点监测的养殖品种中，鳙、罗非鱼、泥鳅、黄鳝等品种出塘价格同比上涨，草鱼、鲢、鲤、鲫等品种出塘价格同比下跌；淡水鱼类、淡水甲壳类、海水鱼类、海水虾蟹类、贝类的出塘价格同比上升明显，其中海水虾蟹类出塘价格 58.02 元/千克，上升幅度达 38.27%。海水藻类、鳖、海参、海蜇出塘价格有所下跌，其中海蜇出塘价格 7.64 元/千克，下跌幅度达 33.85%（表 1-2）。

据全国定点监测水产品批发市场监测数据、农业农村部农产品市场监测数据和国家统计局有关数据，2022 年水产品市场价格涨跌互现，养殖渔情监测数据与此基本吻合。

表 1-2　主要监测养殖品种 2022 年出塘价格情况及与 2021 年同期情况对比

分类	品种名称	2022 年出塘价格（元/千克）	增减率（%）
淡水鱼类	草鱼	11.40	−25.97
	鲢	5.90	−11.41
	鳙	12.68	1.52
	鲤	11.34	−7.35
	鲫	15.21	−1.49
	罗非鱼	8.93	0.79
	黄颡鱼	22.45	−3.69
	泥鳅	20.70	9.64
	黄鳝	65.29	1.12
	加州鲈	27.35	−0.94
	鳜	60.92	−13.22
	乌鳢	32.16	60.24
	鲑鳟	28.88	15.43
	鳗	66.49	0.74
	小计	16.35	5.28
淡水甲壳类	克氏原螯虾	32.09	3.28
	南美白对虾（淡水）	41.64	−1.19
	河蟹	94.84	7.39

（续）

分类	品种名称	2022 年出塘价格（元/千克）	增减率（%）
淡水甲壳类	罗氏沼虾	48.31	23.62
	青虾	73.42	14.20
	小计	57.06	3.90
淡水其他	鳖	49.47	−1.06
海水鱼类	海水鲈	42.88	5.05
	大黄鱼	39.54	−8.62
	鲆	48.60	−1.16
	石斑鱼	56.56	−1.87
	卵形鲳鲹	25.88	36.00
	小计	36.10	7.54
海水虾蟹类	南美白对虾（海水）	49.85	38.24
	青蟹	187.94	3.37
	梭子蟹	75.68	−29.05
	小计	58.02	38.27
海水贝类	牡蛎	8.02	−7.71
	鲍	90.84	8.62
	扇贝	4.13	5.63
	蛤	8.86	13.88
	小计	7.68	6.52
海水藻类	海带	1.06	−32.05
	紫菜	9.70	13.98
	小计	0.97	−46.11
海水其他类	海参	135.24	−16.75
	海蜇	7.64	−33.85
	小计	97.43	−15.62

3. 养殖饲料投入大幅增加，养殖成本攀升 2022 年，全国采集点养殖生产总投入 25.56 亿元。其中，物质投入共计 22.05 亿元（苗种费 3.97 亿元、饲料费 15.70 亿元、燃料费 0.20 亿元、塘租费 1.62 亿元、固定资产折旧费 0.49 亿元等），约占生产总投入的 86.27%；服务支出费 1.19 亿元，约占生产总投入的 4.66%；人力投入费 2.32 亿元，约占生产总投入的 9.08%，其中除固定资产折旧费、饲料费同比上升，其他成本均同比有所下降（图 1-1）。2022 年苗种费、燃料费、塘租费、其他、服务费、人力投入费同比分别下降 30.17%、14.01%、33.05%、17.53%、17.53%；但饲料成本同比上涨 25.45%。在各项投入中，饲料占物质投入的份额大幅增加，由 60.46% 提高到 71.20%。

4. 受重大病害及洪涝灾害影响，渔业损失较大 养殖渔情采集点数据显示，2022 年全国水产养殖受灾产量损失 12 575.72 吨，同比上升 56.38%；灾害经济损失 6 420.39 万元，

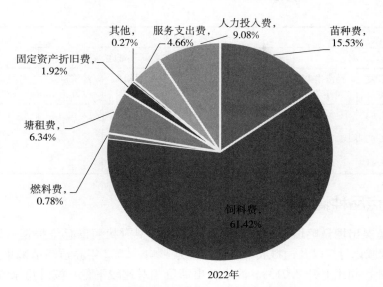

2022年

图 1-1 全国采集点生产总投入组成情况

同比下降58.86%，山东、福建、江苏、安徽、湖南等省份水产受灾都有所增加，其中产量损失主要集中在山东省，达11 215.4吨，主要为价格较低的藻类（表1-3）。2022年养殖渔情监测表明，水产养殖病害、自然灾害影响较大，导致水产品损失比2021年严重，这与全国渔业统计数据反映的2022年受灾情况偏重情况基本一致。

表 1-3 采集点受灾损失情况

省份	受灾损失							
	小计		病害		自然灾害		其他灾害	
	产量损失（吨）	经济损失（万元）	产量损失（吨）	经济损失（万元）	产量损失（吨）	经济损失（万元）	产量损失（吨）	经济损失（万元）
全国	12 575.72	6 420.39	1 063.19	2 893.49	10 583.14	2 399.39	929.39	1 127.51
河北	42.05	108.16	42.05	108.16	0	0	0	0
辽宁	3.01	4.03	3.01	4.03	0	0	0	0
吉林	1.51	2.60	0.50	1.00	0.01	0	1.00	1.60
江苏	285.34	1 201.70	184.96	856.81	97.38	326.89	3.00	18.00
浙江	93.21	484.34	77.61	380.14	12.50	85.00	3.10	19.20
安徽	33.79	58.76	22.28	35.84	11.48	22.57	0.03	0.35
福建	503.15	666.24	144.85	298.16	245.45	106.94	112.85	261.14
江西	63.10	161.94	13.10	46.94	50.00	115.00	0	0
山东	11 215.40	2 957.75	387.85	672.82	10 021.95	1 470.93	805.60	814.00
河南	0.23	4.89	0.23	4.89	0	0	0	0
湖北	5.74	8.79	5.74	8.79	0	0	0	0

（续）

省份	受灾损失							
	小计		病害		自然灾害		其他灾害	
	产量损失（吨）	经济损失（万元）	产量损失（吨）	经济损失（万元）	产量损失（吨）	经济损失（万元）	产量损失（吨）	经济损失（万元）
广东	31.63	95.90	28.43	84.94	1.70	1.00	1.50	9.96
广西	73.65	118.89	2.91	4.15	68.54	111.84	2.20	2.90
海南	93.41	117.78	53.41	85.78	40.00	32.00	0	0

二、重点品种情况

1. 淡水鱼类出塘量略增，出塘价格上涨 受新型冠状病毒感染疫情（以下简称"新冠疫情"）区域化封控以及饲料成本上涨等因素影响，2022 年养殖渔情采集点淡水鱼类出塘量 7.07 万吨，同比上升 2.01%。淡水鱼出塘价相对比较平稳，按月份来看是有涨有跌，稳中略有下降的趋势，2022 年养殖渔情采集点淡水鱼类综合平均出塘价为 16.35 元/千克，同比上涨 5.28%。其中，草鱼、鳜下跌幅度较大，分别下跌 25.97%、13.22%；淡水甲壳类出塘量 1.04 万吨，同比下降 0.93%，综合出塘价 57.06 元/千克，同比上涨 3.90%（图 1-2 和图 1-3）。

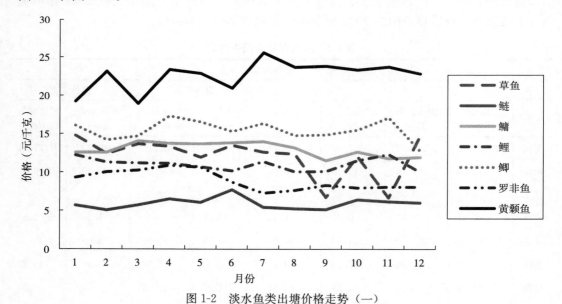

图 1-2　淡水鱼类出塘价格走势（一）

2. 海水鱼类出塘量略增，出塘价格有涨有跌 养殖渔情采集点数据显示，2022 年海水鱼类综合出塘价为 36.10 元/千克，同比去年上升 7.54%，其中卵形鲳鲹出塘价格上升 36.00%，达 25.88 元/千克，大黄鱼出塘价格下跌 8.62%，为 39.54 元/千克（表 1-1、表 1-2）。采集点克服疫情、寒潮等因素的影响，出塘量略增，海水鱼类全年价格起伏较大（图 1-4）。

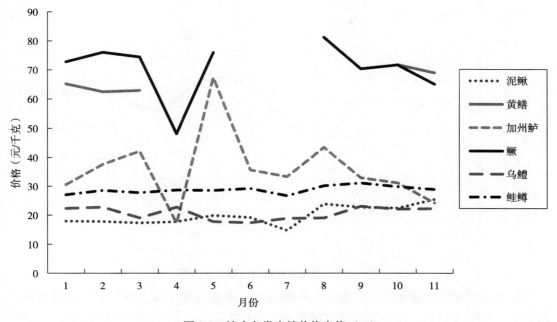

图 1-3　淡水鱼类出塘价格走势（二）

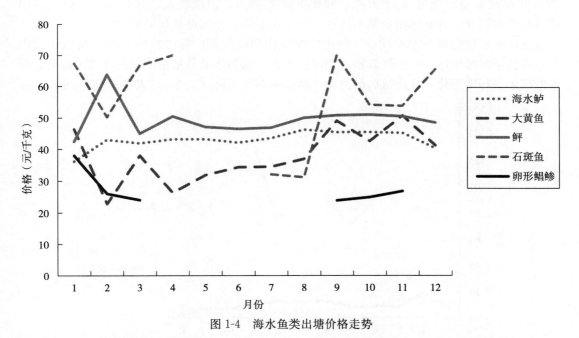

图 1-4　海水鱼类出塘价格走势

3. 海水虾蟹类养殖波动大　海水虾蟹类出塘收入 3.60 亿，同比上升 82.53%，主要原因为海水养殖南美白对虾价格上涨。广东、海南两省每月都有养殖青蟹出塘，浙江、福建两省由于冬季水温较低，12 月至翌年 2 月基本没有青蟹出塘。海水养殖南美白对虾出塘量 0.60 万吨，同比上升 17%，单价上涨近 40%（图 1-5）。

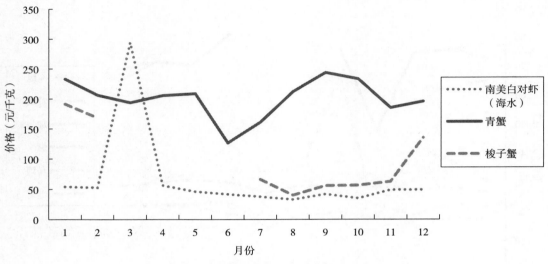

图 1-5　主要海水虾蟹类出塘价格走势

4. 海水贝类出塘量减少、出塘收入小幅增加，价格总体小幅上涨　养殖渔情监测数据显示，2022 年牡蛎、鲍、蛤价格呈现明显的季节性波动。春节期间价格达到全年顶峰。2022 年海水贝类出塘量 6.71 万吨，同比下降 2.51%，出塘收入上升 3.86%。除扇贝出塘量有所增长外，牡蛎出塘量基本持平，蛤小幅下降，鲍出塘量降幅较大。

近年来，牡蛎市场需求旺盛、价格持续保持高位运行，养殖户的生产积极性极大提升，投苗量大幅增加，主产区养殖面积迅速扩张，局部水域养殖密度超过环境承载力，导致海域生态环境恶化，牡蛎抗病能力和产品品质有所下降（表 1-1、表 1-2，图 1-6）。

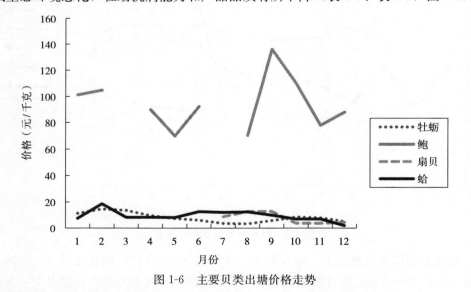

图 1-6　主要贝类出塘价格走势

5. 紫菜养殖整体形势较好，海带出塘量减少　2022 年紫菜出塘量同比增长 94.76%，收入同比增加 121.94%。2021 年受气候影响，紫菜严重减产，2022 年养殖情况有所好转。2022年海带出塘量同比减少3.75%，出塘收入同比减少34.78%（表1-2，图1-7）。

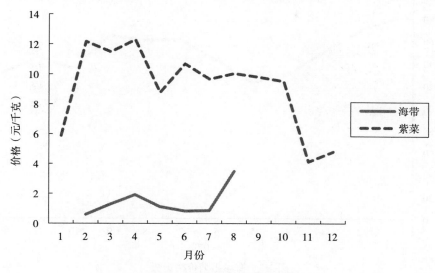

图1-7　主要藻类出塘价格走势

6. 鳖出塘量和出塘收入均大幅下降　养殖渔情采集点鳖的出塘量同比减少13.91%，销售收入同比减少14.81%。主要原因：一是气候因素。2022年夏季长期干旱高温天气影响了中华鳖摄食，减缓了生长；而10—11月平均气温高于往年，增加了中华鳖越冬前的营养消耗，导致产量下降。二是疫情影响。上半年各省份受新冠疫情暴发和12月份疫情防控政策调整后的影响，消费需求下降，销售量减少（图1-8）。

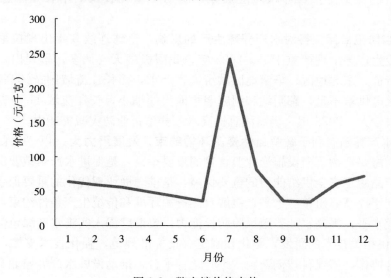

图1-8　鳖出塘价格走势

7. 海参出塘量同比小幅上升　海参出塘量增加17.58%，出塘收入上涨14.28%。2022年，海参养殖多次遭遇暴风雨袭击，池塘水质盐度直降，对海参养殖生理生态环境和条件产生严重影响，造成产量和品质下降，价格也随之下跌（图1-9）。

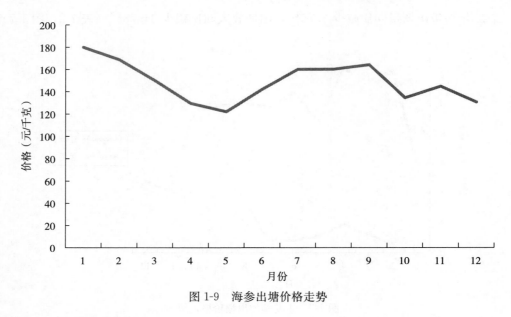

图 1-9　海参出塘价格走势

三、形势特点分析

1. 水产养殖成本依然较高，对养殖效益影响较大　2022 年，在多种因素作用下，水产饲料等刚性水产养殖投入品价格经历了一轮又一轮的上涨，水产养殖成本大幅增加，但养殖水产品出塘价格并未随之大幅提高，导致养殖常规品种成本加大、获利减小，一些特色养殖品种盈利压力增加，养殖风险加大，制约了渔民收入的增长，需想方设法减本增效。

2. 需加强防范自然灾害对水产养殖生产的影响　全球连续 3 年出现拉尼娜现象，主要粮食和渔业生产国出现严重干旱。2022 年，我国极端天气偏多，呈现出"两头涝、中间旱"灾害特征。东北地区、华南地区洪涝灾害严重，而长江流域则持续高温干旱少雨、江河断流，水电供给不足，鄱阳湖和洞庭湖水面大幅缩小，长江流域 11 个省份水产养殖生产受灾损失较大。2023 年，仍需注意提高水产养殖行业防灾减灾能力。

3. 设施水产养殖有利于缓解自然资源环境约束，发展潜力大　以"大食物观"为指导，向江河湖海要食物、向设施渔业要食物的重要举措，是促进水产养殖业绿色高质量发展、提升水产品稳定安全供给能力的重要保障，是推动渔业现代化的重要抓手。发展设施水产养殖有利于提高养殖单产水平，缓解自然资源环境和传统生产条件约束，提升"菜篮子"平衡供应水平，提高水产养殖风险防控能力。要继续深入实施水产绿色健康养殖"五大行动"，加快相关技术的研发，熟化和制定一批标准规范，强化技术支撑，加强"产学研推用"联合协作，搭建科技创新、成果转化等平台，推动设施水产养殖业高质量发展。

第二章 2022 年各采集省份
养殖渔情分析报告

河北省养殖渔情分析报告

一、采集点基本情况

2022 年，河北省在乐亭、曹妃甸、丰南、玉田、黄骅、昌黎、涞源、阜平县（区）设置 27 个采集点开展渔情信息采集工作。全省采集点面积 2 299.5 公顷，养殖模式为淡水池塘、海水池塘和浅海吊笼。采集品种为大宗淡水鱼、鲑鳟、南美白对虾、中华鳖、海湾扇贝、海参等。

二、养殖渔情分析

2022 年，据对全省渔情监测数据分析，全省水产养殖生产形势整体较好。其中，海水池塘、吊笼养殖效益凸显，淡水池塘养殖效益下滑；养殖品种价格涨跌互现，市场调节加快；苗种投放减少，生产投入与 2021 年持平；病害防控措施得力，损失减少。

1. 出塘量、收入增加 采集点出塘水产品 19 258.04 吨，总收入 15 002.82 万元，同比增加 7.81%、8.04%。

（1）大宗淡水鱼出塘量、收入减少 采集点出塘大宗淡水鱼 2 955.02 吨、收入 3 162.42 万元，同比减少 3.16%、4.66%。其中，草鱼、鲢的出塘量同比分别增加 26.03% 和 18.56%，鳙、鲤、鲫的出塘量分别减少 28.92%、3.79%、10.66%；草鱼的出塘收入同比增加 2.27%，鲢、鳙、鲤、鲫的出塘收入同比分别减少 4.8%、15.97%、4.47%、4.34%。

（2）鲑鳟出塘量、收入增加 采集点出塘鲑鳟 100.15 吨、收入 269.93 万元，同比增加 3.8%、0.94%。

（3）中华鳖出塘量、收入齐增 采集点出塘成鳖 92.16 吨、收入 422.64 万元，同比增加 117.11%、77.83%。

（4）南美白对虾（淡水）出塘量、收入减少 采集点出塘南美白对虾（淡水）372.7 吨、收入 1 545.08 万元，同比减少 8.36%、3.81%。

（5）南美白对虾（海水）出塘量减少、收入增加 采集点出塘南美白对虾（海水）160.4 吨，同比减少 14.21%，收入 1 035.89 万元，同比增加 5.65%。因雨水多，虾成活率降低，产量减少；价格好，收入小幅上涨。

（6）海参出塘量、收入增加 采集点出塘海参 240.1 吨、收入 2 940.85 万元，同比增加 34.51%、2.56%。因价格下滑，收入增幅收窄。

（7）海湾扇贝出塘量、收入增加　采集点出塘扇贝 15 337.5 吨，收入 5 626.0 万元，同比增加 10.34％、22.05％。因饵料生物充足，扇贝长势良好，价格好，产量、收入齐增。

2022 年，采集点出塘量、收入对比见图 2-1、图 2-2。

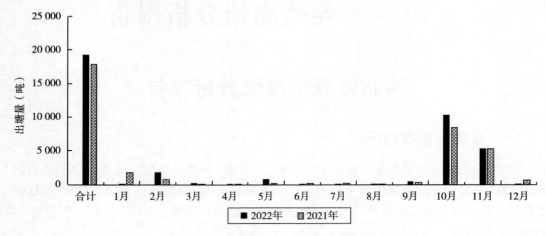

图 2-1　2021—2022 年采集点出塘量对比

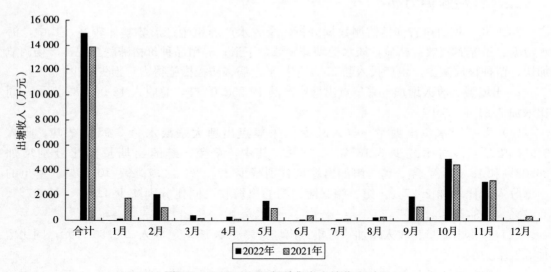

图 2-2　2021—2022 年采集点出塘收入对比

2. 水产品价格有涨有跌　采集品种中，鳙、鲫、南美白对虾（淡水）、南美白对虾（海水）、海湾扇贝的价格上涨，草鱼、鲢、鲤、鲑鳟、中华鳖、海参的价格下跌。各品种价格情况见表 2-1。

表 2-1　2022 年出塘品种价格及与 2021 年同期对比情况

品种	出塘价格（元/千克）		
	2022 年	2021 年	增减率（％）
草鱼	12.43	15.32	−18.86

（续）

品种	出塘价格（元/千克）		
	2022 年	2021 年	增减率（%）
鲢	4.24	5.28	−19.70
鳙	12.8	10.82	18.30
鲤	10.9	10.98	−0.73
鲫	13	12.14	7.08
鲑鳟	26.95	27.72	−2.78
中华鳖	45.86	55.99	−18.09
南美白对虾（淡水）	41.46	39.5	4.96
南美白对虾（海水）	64.58	52.44	23.15
海参	122.48	160.65	−23.76
海湾扇贝	3.67	3.32	10.54

3. 生产投入稳中有降 采集点生产投入共计 10 692.56 万元，同比减少 1.36%。主要是苗种费、燃料费、电费、水费、防疫费、人力投入分别减少 2.74%、36.51%、10.91%、19.56%、10.15%、40.53%；饲料费、固定资产折旧费、塘租费、其他、保险等投入分别增加 9.12%、3.30%、44.63%、11.51%、833.0%。生产投入占比见图 2-3。

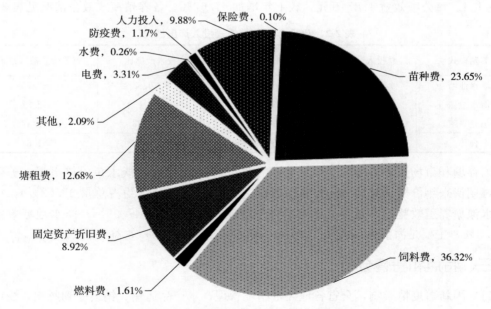

图 2-3 2022 年采集点生产投入构成

据分析，采集点投苗量减少，苗种费下降；扇贝养殖后期采用机械取柱，人力投入大幅减少。苗种费、人力投入减少，拉低了全年的生产投入。生产投入对比见图 2-4。

4. 部分品种投苗量减少 不同品种投苗情况各异。其中，海湾扇贝、南美白对虾（淡水）、南美白对虾（海水）、海参、中华鳖投苗量分别减少 12.07%、4.9%、28.6%、

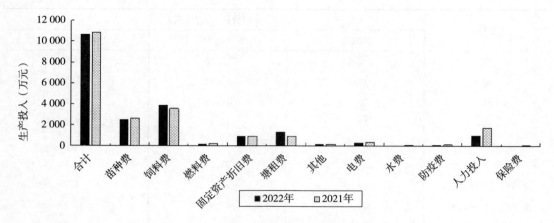

图 2-4　2021—2022 年采集点生产投入对比

66.06%、14.99%；鲑鳟投苗量增加 53.57%；大宗淡水鱼投苗减少 38.4%，投种增加 0.38%。因市场需求下滑，采集点投苗生产积极性有所减弱。

5. 病害损失减少　采集点因病害造成数量损失 42.05 吨，经济损失 108.16 万元，同比减少 4.48%、34.80%。主要是鲤、南美白对虾（淡水）发生病害造成损失。

6. 生产效益整体增加　采集点投入 10 692.56 万元，收入 15 002.81 万元，投入产出比 1∶1.4。每公顷效益 1.87 万元，较上年增加 41.67%。各养殖模式效益情况见表 2-2。

表 2-2　2022 年各养殖模式投入产出情况

养殖模式	总投入（万元）	总收入（万元）	投入产出比	每公顷效益（万元）
淡水池塘	6 163.35	5 400.07	1∶0.88	−2.75
海水池塘	2 842.15	3 976.74	1∶1.4	2.32
吊笼养殖	1 687.06	5 626.00	1∶3.33	2.57
合计	10 692.56	15 002.81	1∶1.40	1.87

因存塘和市场因素造成淡水池塘养殖亏损。2022 年年底，淡水鱼价格下滑，养殖户惜售，期待来年价格好时出售，致使存塘量达到 3 124.23 吨（约占总量 47.02%），拉低了淡水池塘养殖效益；吊笼养殖海湾扇贝效益较 2021 年增加 47.99%；海水池塘效益增加 93.3%，主要是海参效益增加 76.0%，南美白对虾（海水）效益上涨 197.3%。

三、特点和特情分析

（1）因新冠疫情影响，全省各地经常闭环管理，水产品运输、销售受到影响，受市场供需的波动，大宗淡水鱼价格从 2021 年的高峰期回落，草鱼、鲢、鲤成鱼价格均下降，出塘量也下调。受成鱼价格下跌影响，大宗淡水鱼鱼种价格下滑较多，鱼种投放量虽持平，苗种费大幅减少（减少 36.96%）。

（2）海湾扇贝长势好，规格大，价格好，产量、收入齐增；生产后期采用机械取柱，人力投入大幅减少，利润空间被拉升，多因素使得扇贝生产收益大幅增加。

四、2023 年养殖渔情预测

2023 年，随着新冠疫情形势的进一步好转，水产品市场将不断恢复，大宗淡水鱼价格有望回升到较好年份的水平；鲑鳟、海参、中华鳖价格将稳中有升，产量增加；南美白对虾价格将企稳，效益将上扬；海湾扇贝养殖前景将继续被看好。渔业生产将进入一个全新的、充满活力的生产周期。

（河北省水产技术推广总站）

辽宁省养殖渔情分析报告

一、采集点基本情况

2022 年，辽宁省设置 18 个养殖渔情信息采集县，按水产养殖品种设置 60 个养殖渔情信息采集点。采集点主要的养殖方式包括淡水池塘、海水池塘、滩涂养殖、筏式、吊笼和工厂化养殖等。

二、水产养殖生产形势分析

1. 水产养殖总体出塘量、收入同比下降　采集点总体出塘量 30 789.29 吨，同比下降 7.64%；收入 18 248.12 万元，同比下降 22.96%。

（1）淡水养殖总体出塘量、收入均同比下降　淡水养殖采集点出塘量 3 820.18 吨，同比下降 35.08%；收入 4 680.71 万元，同比下降 40.96%。淡水养殖总体出塘量、收入均同比下降的主要原因是受新冠疫情的影响，水产品市场消费能力总体偏弱。

草鱼、鲢、鳙、鲤、鲫、河蟹出塘量分别为 490.00 吨、14.50 吨、11.25 吨、3 091.91 吨、160.00 吨、30.67 吨，同比分别下降 77.73%、86.64%、68.49%、4.63%、31.91%、23.32%。草鱼、鲢、鳙、鲤、鲫、河蟹收入分别为 611.40 万元、7.06 万元、9.46 万元、3 568.52 万元、256.00 万元、161.35 万元，同比分别下降 79.4%、86.81%、81.75%、15.53%、23.35%、30.45%。

南美白对虾（淡水）出塘量 4.1 吨，同比增加 7.89%；收入 18.83 万元，同比增加 11.72%。

鳟出塘量 17.75 吨，同比下降 9.67%；收入 48.1 万元，同比增加 1.78%。

（2）海水养殖总体出塘量同比增加，收入同比下降　海水养殖采集点出塘量 26 969.11 吨，同比增加 4.11%；收入 13 567.41 万元，同比下降 6.75%。大菱鲆、扇贝、海参出塘量分别为 120 吨、1 088 吨、438.31 吨，同比分别下降 16.08%、29.72%、9.44%；收入分别为 585.12 万元、950.76 万元、5 541.39 万元，同比分别下降 18.82%、21.24%、30.3%。菲律宾蛤仔出塘量 5 617.8 吨，同比下降 7.17%；收入 4 329.94 万元，同比增加 12.36%。海带出塘量 18 800 吨，同比增加 2.17%；收入 1 469 万元，同比增加 37.29%。海蜇出塘量 905 吨，同比增加 9.5%；收入 691.28 万元，同比下降 27.58%。

2. 水产养殖生产投入同比下降　采集点生产投入 11 507.5 万元，同比下降 21.9%。生产投入中饲料费 3 336.58 万元、苗种费 3 805.98 万元、人力投入 2 395.42 万元、水电燃料费 1 037.25 万元、防疫费 118.94 万元、塘租费 485.15 万元、固定资产投入 36.74 万元、其他投入 291.44 万元，同比分别下降 28.16%、22.05%、16.15%、3.61%、36.25%、7.42%、69.37%、34.34%（图 2-5）。

3. 水产养殖平均出塘价格同比下降　采集点水产养殖平均出塘价格 5.93 元/千克，同比下降 16.48%。其中，淡水养殖平均出塘价格 12.25 元/千克，同比下降 9.26%；海水养殖平均出塘价格 5.03 元/千克，同比下降 10.18%。

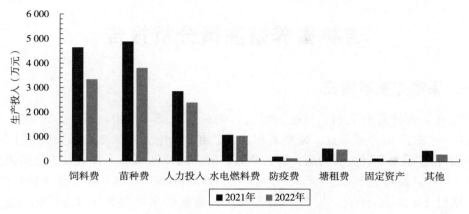

图 2-5　2021—2022 年生产投入对比

2022 年采集点平均出塘价格下降的水产养殖品种：草鱼 12.48 元/千克，同比下降 7.49％；鲢 4.87 元/千克，同比下降 1.22％；鳙 8.4 元/千克，同比下降 42.10％；鲤 11.54 元/千克，同比下降 11.40％；河蟹 52.61 元/千克，同比下降 9.29％；大菱鲆 48.76 元/千克，同比下降 3.25％；海参 126.43 元/千克，同比下降 23.04％。海蜇 7.64 元/千克，同比下降 33.85％。

2022 年采集点平均出塘价格上涨的水产养殖品种：鲫 16 元/千克，同比上涨 12.60％；鳟 27.1 元/千克，同比上涨 12.68％；南美白对虾（淡水）45.91 元/千克，同比上涨 3.54％。扇贝 8.74 元/千克，同比上涨 12.05％；菲律宾蛤仔 7.71 元/千克，同比上涨 21.00％；海带 0.78 元/千克，同比上涨 34.48％。

4. 养殖损失、经济损失均同比下降　辽宁水产养殖采集点养殖损失 3 吨，经济损失 4.03 万元，较 2021 年同期均有大幅下降。

三、2023 年养殖生产形势预测

根据 2022 年辽宁省水产养殖生产形势特点，结合全省主要水产养殖品种经济运行态势，预测 2023 年养殖水产品出塘价格水平总体将保持稳中有涨态势。

1. 淡水养殖品种出塘价格将缓慢回升　2022 年，辽宁淡水养殖品种总体出塘价格受新冠疫情影响同比下降，草鱼、鲤、鲢、鳙出塘价格同比下降明显。预计 2023 年秋季，淡水鱼大批量出塘上市时，淡水鱼出塘价格将短期回落并保持相对稳定。

2. 海水养殖品种产量增加　随着新冠疫情影响减弱，人们生活水平逐步提高，餐饮行业中海参、大菱鲆、虾夷扇贝、海蜇、海带等海水养殖品种消费需求不断增加，将带动海水养殖品种出塘量增加。预计 2023 年，海水养殖品种的产量在水产品市场消费复苏带动下仍有上升空间。

3. 水产养殖业绿色发展进程加快　依靠政策指引和科技支撑物联网、区块链、智能化现代养殖技术将更多地应用于水产养殖产业。水产养殖生产操作将更加简化，养殖产量将会进一步提高，从根本上强化优质水产品供给能力，水产养殖业绿色发展水平将全面提升。

（辽宁省水产苗种执法队）

吉林省养殖渔情分析报告

一、采集点基本情况

2022 年，吉林省在九台、昌邑、舒兰、梨树、镇赉、抚松、临江、江源共 8 个县（市、区）设置了 10 个采集点。采集面积 1 341 亩，其中大宗淡水鱼采集面积 1 309 亩，冷水鱼 32 亩。采集品种主要为鲤、鲫、草鱼、鲢、鳙及鲑鳟等。养殖方式全部为淡水池塘养殖。全年共投入生产资金 786.29 万元，出售商品鱼 493.57 吨，收入合计 654.21 万元，综合出塘价 13.25 元/千克。因各类病害及灾害造成的水产品损失 1.51 吨，经济损失 2.60 万元。

二、养殖渔情分析

2022 年，全省 10 个采集点的生产投入，水产品总体出塘量，养殖总收入，水产品综合出塘单价同比 2021 年均有所下降。受灾产量及经济损失也大幅度降低（表 2-3）。

表 2-3　2022 年主要指标及与 2021 年同期情况对比

年份＼项目	投入资金（万元）	出塘量（吨）	出塘收入（万元）	综合出塘价（元/千克）	损失 数量（吨）	损失 金额（万元）
2021 年	956.41	499.40	694.66	13.91	5.50	10.80
2022 年	786.29	493.57	654.21	13.25	1.51	2.60
同比（％）	−17.79	−1.17	−5.82	−4.74	−72.55	−75.93

1. 水产品出塘量、出售收入同比下降　2022 年，全省采集点出塘水产品总量约 493.57 吨，同比下降 1.17％（表 2-4）。大宗淡水鱼出塘 463.05 吨，较 2021 年增加 2.87％，其中草鱼出塘 66.00 吨，较 2021 年增加近 3 倍。鲤的出塘量同比增加 27.55％，但由于 2022 年吉林省鲤价格低迷，鲤的总销售额较 2021 年下降了 7.55％。鲢、鳙、鲫出塘量同比分别下降了 49.10％、26.57％、46.39％，出塘收入也随之减少。鲑鳟出塘 30.52 吨，同比下降 38.06％。

2022 年，全省养殖渔情采集点出塘总收入约 654.21 万元，同比下降 5.82％。鲤、鲫、鲢、鳙、鲑鳟的出塘收入均有不同程度下降，尤其是鲫，收入减少 52.17％。草鱼的出塘收入翻倍增长，出塘收入同比增加 237.87％。2022 年，草鱼在吉林省销售情况较好。

表 2-4　2022 年采集点出塘量和出售收入及与 2021 年同期情况对比

品种	出塘量（吨） 2021 年	出塘量（吨） 2022 年	出塘量（吨） 增减率（％）	出塘收入（万元） 2021 年	出塘收入（万元） 2022 年	出塘收入（万元） 增减率（％）
鲤	198.20	252.80	27.55	309.49	286.13	−7.55
鲫	25.18	13.50	−46.39	50.18	24.00	−52.17
鲢	103.25	52.55	−49.10	73.20	49.63	−32.20

（续）

品种	出塘量（吨）			出塘收入（万元）		
	2021 年	2022 年	增减率（%）	2021 年	2022 年	增减率（%）
鳙	106.50	78.20	−26.57	118.55	73.90	−37.66
草鱼	17.00	66.00	288.24	33.80	114.20	237.87
鲑鳟	49.27	30.52	−38.06	109.44	106.35	−2.82
合计	499.40	493.57	−1.17	694.66	654.21	−5.82

2. 多数品种出塘价格降低　2022 年，养殖渔情采集点水产品出塘均价 13.25 元/千克，同比下降 4.74%。在监测的 6 个品种中，除鲢和鲑鳟 2 个品种的出塘价同比有所上涨外，其余品种出塘价同比均有不同程度下降，特别是鲤，下降 27.53%（表 2-5）。

表 2-5　2022 年淡水鱼出塘价格及与 2021 年情况对比

品种	出塘价格（元/千克）		
	2021 年	2022 年	增减率（%）
淡水鱼类	13.91	13.25	−4.74
草鱼	19.88	17.30	−12.98
鲢	7.09	9.44	33.15
鳙	11.13	9.45	−15.09
鲤	15.62	11.32	−27.53
鲫	19.93	17.78	−10.79
鲑鳟	22.21	34.85	56.91

3. 养殖生产投入下降　2022 年吉林省采集点生产投入共计 786.29 万元，同比减少 17.79%。其中，物质投入共计 599.91 万元（苗种费 141.41 万元，饲料费 434.79 万元，燃料费 2.68 万元，塘租费 20.53 万元，其他物质投入 0.5 万元），约占生产投入的 76.30%，较 2021 年减少 19.22%；服务支出费 38.03 万元，约占生产投入的 4.84%，同比减少 46.65%；人力投入费 148.35 万元，约占生产投入的 18.88%，同比增加 4.13%。

2022 年，全省采集点苗种投放量同比减少 5.8%，饲料费用同比减少 24.48%，塘租费同比增加 65.56%。随着苗种投入的减少，服务支出费也相应有所降低。2022 年水电费 29.64 万元，同比减少 31.26%，防疫费同比减少 70.76%。2022 年人员工资 148.35 万元，较 2021 年增加 5.88 万元，同比增加 4.13%。近几年，受新冠疫情的影响，吉林省水产养殖规模不断缩减，2022 年监测点的苗种投放量及饲料使用量均有所降低，也反映了这一情况。同时受国内燃油价格调控，燃料费有所增加。

4. 受灾损失减少　2022 年，吉林省因各种灾害等造成水产品数量损失 1.5 吨，同比减少 72.73%，经济损失 2.6 万元，同比减少 75.91%。2022 年，全省受灾损失品种主要为鲫和鲤。鲫因病害造成损失 1 万元，病害损失约 0.5 吨；鲤因其他灾害损失 1.6 万元，损失量约为 1 吨。

三、特点和特情分析

吉林省淡水鱼的销售额自 2019 年持续下降，而生产投入和出塘量均在 2020 年出现拐点，这都与新冠疫情的发生密不可分。2019 年末我国开始出现新冠疫情，当时民众对病毒的认识度不高，未预料到疫情的持续时间。随着春季渔业生产的开始，2020 年养殖户在 2019 年的养殖基础上加大了投入，但受疫情影响，当年大部分水产品市场价格的下降，导致很多养殖户销售不理想，收入降低。随着疫情管控时间的延长，及对疫情发展趋势的不确定性，很多养殖户减少了养殖投入，不断缩减养殖面积和养殖量（表 2-6）。

表 2-6　2018—2022 年采集点生产投入及销售情况

项目	2018 年	2019 年	2020 年	2021 年	2022 年
生产投入（万元）	902.68	869.00	990.02	956.41	786.29
出塘量（吨）	451.86	672.97	713.37	499.40	493.57
销售额（万元）	607.61	781.97	758.52	694.66	654.21

从近 5 年的监测数据分析，大多数监测品种的出塘价格在 2019 年和 2020 年呈现下降趋势，特别是鲑鳟类，呈断崖式下降（图 2-6）。这与 2019 年开始的新冠疫情有关。受疫情影响，消费者对水产品的需求量有所下降，同时产品运输受阻，导致养殖户有鱼卖不出，只能通过压低市场价格来争取销售量。特别是鲑鳟等高档水产品，往往以冰鲜的形式出现在终端市场，受冷藏食品可能携带新型冠状病毒的舆论影响，消费者的购买欲大大降低。随着新冠疫情防控转入常态化，2021、2022 年水产品价格有所回升。

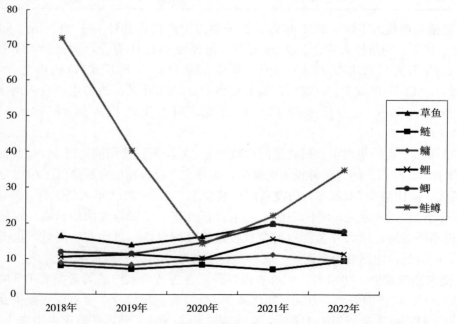

图 2-6　2018—2022 年吉林省监测品种出塘价格（单位：元/千克）

从各品种的出塘量上来看，2018—2021 年，草鱼、鲢、鳙、鲫、鲑鳟的出塘量互有增减，变化趋势不明显。受供需市场影响，鲤出塘量变化较大。2019 年前吉林省许多养殖户看到鲤利润可观，增加了养殖面积，导致鲤出塘量显著增长。受新冠疫情影响，鲤的市场价格在 2020 年有所下降，很多养殖户减少了鲤的养殖面积，2020、2021 年吉林省鲤的出塘量连续走低。我们在 2021 年走访一线养殖区，发现很多养殖户都没有养殖鲤，也印证了这一数据。受市场供需关系影响，2022 年，草鱼、鲤的出塘量有所增加，其他品种出塘量均有所下降（表 2-7）。

表 2-7　2018—2022 年监测品种出塘量

单位：吨

品种	2018 年	2019 年	2020 年	2021 年	2022 年
草鱼	51.01	44.64	54.50	17.00	66.00
鲢	75.35	81.33	94.09	103.25	52.55
鳙	46.29	53.10	132.32	106.50	78.20
鲤	230.27	440.52	389.12	198.20	252.80
鲫	28.80	31.95	9.75	25.18	13.50
鲑鳟	20.14	21.425	33.60	49.27	30.52

四、2023 年养殖渔情预测

由于 2022 年吉林省受新冠疫情影响，水产品价格较低，但 2023 年在经济逐步回稳的大环境下，水产品价格会缓慢回升，价格可能略有波动。2023 年吉林省主要养殖品种价格预测：鲤每千克 13~16 元；草鱼每千克 16~22 元；鲫每千克 18~24 元；鲢每千克 8~14 元；鳙每千克 12~16 元。

近几年由于养殖成本不断提高，吉林省养殖技术水平相对落后，销售渠道、养殖品种等相对单一，因此 2023 年为了提高水产养殖品收入，应根据市场需求，合理搭配养殖品种，控制养殖密度，减少病害发生，确保全年水产养殖健康发展，稳中求进。

（吉林省水产技术推广总站）

江苏省养殖渔情分析报告

一、采集点基本情况

2022 年，江苏省在 22 个县（市、区）、95 个采集点开展了渔情信息采集工作，采集方式为池塘、筏式、底播、工厂化，采集点养殖品种有大宗淡水鱼、鳜、加州鲈、泥鳅、克氏原螯虾、罗氏沼虾、南美白对虾、青虾、河蟹、梭子蟹、鳖、蛤、紫菜等。

二、养殖渔情分析

1. 主要指标变动情况

（1）出塘量、总收入同比减少　2022 年，全省采集点出塘水产品总量 21 048.39 吨，总收入 61 542.06 万元，同比分别减少 6.28%、27.24%。

①淡水养殖品种出塘量、收入　采集点出塘鱼类 11 413.77 吨，同比减少 12.76%；收入 16 467.89 万元，同比减少 16.96%。其中，草鱼出塘 7 045.23 吨，同比增加 10.56%；收入 7 779.43 万元，同比减少 20.73%。鲢、鳙分别出塘 313.49 吨、278.41 吨，同比减少 26.46%、63.86%；出塘收入分别为 140.78 万元、327.19 万元，同比减少 45.15%、64.48%；鳜出塘 178.69 吨，同比增加 12.35%；收入 734.49 万元，同比减少 32.25%。草鱼、鳜出塘量增加，收入反而减少，反映出塘价格低迷。

采集点淡水甲壳类总出塘量 5 390.41 吨，同比增加 9.03%；出塘总收入 38 934.33 万元，同比增加 8.16%。其中，河蟹出售 3 208.69 吨，同比增加 8.52%，收入 29 038.41 万元，同比增加 7.66%；青虾出塘 284.44 吨，同比减少 26.96%，收入 2 011.69 万元，同比减少 17.20%；克氏原螯虾出塘量 1 571.57 吨，同比增加 15.82%，出塘收入 6 453.69 万元，同比增加 14.20%。

鳖出塘量 104.50 吨，与 2021 年一致；出塘收入 1 463 万元，同比增加 7.69%。

②海水养殖品种出塘量、收入　采集点梭子蟹出塘 4.8 吨，同比增加 67.13%；收入 59.92 万元，同比增加 30.81%。蛤类出塘 165.04 吨，同比减少 98.40%；收入 357.34 万元，同比减少 94.49%。紫菜出塘量 3 956.95 吨，同比增加 97.10%；收入 4 206.25 万元，同比增加 131.42%。紫菜同比大幅增产增收，是由于疫情影响、条斑紫菜养殖品质及效益差的原因，江苏赣榆区采集点开展了坛紫菜与条斑紫菜接力养殖。

（2）水产品综合出塘价格下降　2022 年，采集点监测的淡水鱼类综合出塘价格下降 23.32%，其中鳜跌幅最大，同比下降 39.70%；其次草鱼、鲢分别同比下降 28.31%、25.42%。淡水甲壳类价格下降 0.79%，其中克氏原螯虾同比下降 1.39%，青虾、河蟹、南美白对虾分别同比上涨 13.37%、0.81%、0.92%。大菱鲆价格下降 9.37%，梭子蟹价格下降 21.74%，条斑紫菜价格上涨 17.46%（表 2-8）。

（3）生产投入同比增长　采集点生产投入 62 384.33 万元，同比增加 27.31%。其中，物质投入 53 757.56 万元，同比增加 33.46%；服务支出 3 228.89 万元，同比减少 8.47%；人力投入 5 397.88 万元，同比增加 3.93%。养殖成本主要体现在苗种、饲料、

表 2-8 2022 年采集点出塘价格及与 2021 年同期对比情况

养殖品种	综合出塘价格（元/千克）		
	2021 年	2022 年	增减率（%）
草鱼	15.40	11.04	−28.31
鲢	6.02	4.49	−25.42
鳙	11.96	11.75	−1.76
鲫	15.29	15.74	2.94
加州鲈	29.57	25.07	−15.22
鳜	68.16	41.10	−39.70
大菱鲆	59.31	53.75	−9.37
青虾	62.38	70.72	13.37
河蟹	90.50	91.33	−0.81
克氏原螯虾	41.65	41.07	−1.39
南美白对虾	39.29	39.65	0.92
梭子蟹	159.50	124.83	−21.74
条斑紫菜	9.05	10.63	17.46
中华鳖	130.00	140.00	7.69

塘租、人工、固定资产等方面，2022 年采集点调整，采集品种、采集面积及养殖模式出现变化，苗种放养量增加，渔药及水质改良费、水电费、保险费用均增加，饲料费、人工费刚性增长。

（4）受灾损失同比增加 采集点显示，2022 年受灾损失 1 201.69 万元，同比增加 21.18%。其中，河蟹受害损失较大，高达 1 012.58 万元，同比增加 89.03%，主要原因是 2022 年极端高温天气，池塘水草腐烂死亡，水质底质恶化、浑浊、溶氧降低，同时造成了河蟹蜕壳不遂，并壳现象严重，四、五壳蜕壳期推迟，死亡率高。另外淡水养殖品种，主要是草鱼、鲫的出血病、孢子虫病、水霉病等，死亡率高，损失严重。

2. 特情专项分析

（1）紫菜养殖面积将持续减少 江苏近五年养殖紫菜经济效益下滑，养殖企业资产负债率高，现金流困难，抗风险能力减弱，加之海洋环境进一步恶化及滩涂围垦等因素的影响，"南菜北移"的趋势不可逆转，养殖面积逐年递减。另外，有的养殖户开展坛紫菜与条斑紫菜接力养殖，部分养殖户外移到山东、辽宁等地。

（2）大宗淡水鱼养殖形势变化 当前江苏省大宗淡水鱼品种主要包括草鱼、异育银鲫、黄金鲫、鳊、鲢、鳙、青鱼等。近年来，由于草鱼、异育银鲫病害暴发和流行面积越来越大，主养以鲫、草鱼为主的模式发生了显著的变化，与其他养殖品种混养的比例逐年加大，鲫、草鱼亩均投种量明显减少。

大宗淡水鱼的养殖面积近年来也快速缩减，主要原因：一是江苏省沿海淡水鱼主产区"退渔还湿"；二是特色淡水鱼养殖面积有逐年扩大的趋势，如斑点叉尾鲴、黄颡鱼养殖。

大宗淡水鱼与南美白对虾和河蟹进行混养的综合养殖规模不断扩大。沿海一带养殖户和企业甚至将大宗淡水鱼的产量降至原来的一半以下，直到纯养南美白对虾。

三、2023 年养殖渔情预测

全省池塘养殖面积将趋于稳定，稻渔综合种养面积略有增长，生态健康养殖模式和养殖尾水的构建会得到进一步推广。为应对市场需求和养殖风险，势必加快养殖结构调整。总体来看，随着渔业生产、流通、消费等环节全面恢复，水产品市场运销速度加快，市场供应充足，消费能力增强，水产品品质提升，综合价格呈季节性波动、以稳为主。

（江苏省渔业技术推广中心）

浙江省养殖渔情分析报告

一、采集点基本情况

2022 年，浙江省在余杭、临平、萧山、秀洲、嘉善、德清、长兴、南浔、上虞、慈溪、兰溪、象山、苍南、乐清、椒江、三门、温岭、普陀等 18 个县（市、区）开展养殖渔情信息采集工作，共设置数据监测采集点 62 个（其中淡水养殖 39 个，海水养殖 23 个），总面积约为 13 000 亩。主要采集品种有草鱼、鲢、鳙、鲫、鲤、黄颡鱼、加州鲈、乌鳢、海水鲈、大黄鱼、中华鳖、南美白对虾（海水、淡水）、梭子蟹、青蟹、蛤、紫菜等海水、淡水养殖品种。

二、养殖渔情信息采集分析

1. 出塘量、出塘收入和价格变化 2022 年出塘量、收入和价格与 2021 年对比见表 2-9。主要有以下特点：

表 2-9 2022 年及 2021 年成鱼出塘情况

品种	产量（吨）		收入（万元）		价格（元/千克）	
	2021 年	2022 年	2021 年	2022 年	2021 年	2022 年
淡水鱼类（草鱼、鲢、鳙、鲫、鲤、黄颡鱼、加州鲈、乌鳢）	3 862.54	3 080.23	5 863.93	5 821.11	15.18	18.90
淡水甲壳类（南美白对虾）	684.87	694.89	3 001.74	2 914.3	43.83	41.94
海水鱼类（大黄鱼、海水鲈）	1 479.86	852.47	9 575.56	4 701.08	64.71	55.15
海水甲壳类（南美白对虾、梭子蟹、青蟹）	414.65	487.85	2 673.85	2 895.89	64.48	59.36
海水贝类（蛤）	262.72	283.43	535.58	748.53	20.39	26.41
海水藻类（坛紫菜）	174.26	202.52	76.41	109.51	4.38	5.41
淡水其他（中华鳖）	176.02	108.19	1 456.62	1 302.13	82.75	120.36
小计	7 054.92	5 709.58	23 183.7	17 098.8	—	—

（1）淡水鱼类 2022 年，采集点淡水鱼类出塘量较上年降低了 782.31 吨，同比降低 20.25％，出塘收入降低 42.82 万元，同比下降 0.73％，受上半年新冠疫情影响，大宗淡水鱼销售遇阻，出塘量有所下降，虽然整体出塘价格上升，但养殖效益并不高。

（2）海水鱼类 出塘量 852.47 吨，较上年减少 627.39 吨，同比减少 42.4％；出塘价格 55.15 元/千克，与 2020 年持平，但与 2021 年相比下降 14.77％；出塘收入 4 701.08 万元，减少 4 874.48 万元，同比减少 50.91％。采集点海水鲈同比出塘量下降较多，原因如下：一是今年夏天水温高，导致鱼不进食，生长周期延长，旺季延后；二是海水鲈主要出口国外，受新冠疫情等多方面影响，行情走低。

（3）淡水甲壳类 浙江省淡水甲壳类养殖的代表种——南美白对虾，2022 年采集点产量 694.89 吨，较 2021 年增加 10.02 吨，同比增长 1.46％；出塘价格 41.94 元/千克，较 2021 年下降 1.89 元/千克，同比下降 4.31%；出塘收入 2 914.3 万元，较 2021 年减少 87.44 万元，同比降低 2.91%。南美白对虾养殖形势稳中见好。

（4）海水甲壳类　海水甲壳类，包括海水养殖南美白对虾、三疣梭子蟹、青蟹等，2022 年采集点产量 487.85 吨，较 2021 年增加 73.2 吨，同比增长 17.65%；出塘收入 2 895.89 万元，较 2021 年增加 222.04 万元，同比增长 8.30%。其中，南美白对虾产销齐升，虾类行情转好；受 2022 年高温影响，青蟹货少价高，监测点梭子蟹销售主要集中在 1—2 月，受新冠疫情影响，产销齐跌。

（5）海水贝类　海水贝类采集点产量 283.43 吨，较 2021 年增加 20.71 吨，同比增长 7.88%；出塘价格 26.41 元/千克，较 2021 年升高 6.02 元/千克，同比增加 29.52%；出塘收入 748.53 万元，较 2021 年增加 212.95 万元，同比上升 39.76%。2022 年的蛤类采集点产量继续回升，市场销售转好，价格回暖。

（6）藻类　藻类（主要是坛紫菜）采集点的产量 202.52 吨，较 2021 年增加 28.26 吨，同比上升 16.22%；出塘收入 109.51 万元，较 2021 年增加 33.10 万元，同比增加 43.32%；出塘价格 5.41 元/千克，较 2021 年增加 1.03 元/千克，同比上涨 23.52%。坛紫菜继续保持良好势头，增产增价，温岭市紫菜采苗期间水温适宜，附苗率高，2022 年价格较往年大幅上升。

（7）中华鳖　采集点中华鳖 2022 年出塘量 108.19 吨，较 2021 年降低 67.83 吨，同比下降 38.54%；销售收入 1 302.13 万元，较 2021 年降低 154.49 万元，同比下降 10.61%；价格 120.36 元/千克，较 2021 年上升 37.61 元/千克，同比上升 45.45%。随着疫情影响的衰退以及养殖模式的优化，中华鳖价格也一路看涨，2022 年 7—8 月持续晴热，减少了中华鳖病害发生，但影响中华鳖摄食量，减缓了生长，10—11 月平均气温高于往年平均，增加了中华鳖越冬前的营养消耗。

2. 生产投入变化　2022 年，采集点共投入成本 17 863.23 万元，相比 2021 年减少 1 615.58 万元，同比下降 8.29%。其中，物质投入 14 642.34 万元，较 2021 年减少 9.70%；人力投入 1 873.99 万元，较 2021 年减少 171.93 万元，同比减少 8.40%；服务支出费 1 346.90 万元，较 2021 年增加 10.63%（表 2-10）。

相比于 2021 年，2022 年采集点的成本支出总体略有下降，苗种费和饲料费依然是决定成本总量最主要的两大因素。苗种费、饲料费用占总成本支出的比例分别达 20.65% 和 55.52%，合计占总成本的 76.17%。2021 年受第 6 号台风"烟花"（台风级）影响，水产养殖业损失较大，尤其是海水养殖的大黄鱼等苗种损失量较大，因而补苗成本上涨，2022 年灾害影响相对较小，因此苗种费相对 2021 年有所降低。

表 2-10　2021 年与 2022 年采集点生产成本对比

指标	生产成本（万元）		
	2021 年	2022 年	增减率（%）
物质投入	16 215.39	14 642.34	−9.70
苗种费	5 472.56	3 689.13	−32.59
饲料费	9 649.54	9 917.69	2.78

（续）

指标	生产成本（万元）		
	2021 年	2022 年	增减率（%）
燃料费	55.90	34.43	−38.40
塘租费	918.65	929.52	1.18
固定资产折旧费	13.70	11.00	−19.71
其他物质投入	105.03	60.57	−42.34
服务支出	1 217.49	1 346.90	10.63
电费	647.94	703.80	8.62
水费	19.55	19.51	−0.19
防疫费	374.20	417.36	11.53
保险费	6.46	12.30	90.30
其他费用	169.34	193.93	14.53
人力投入	2 045.93	1 873.99	−8.40
小计	19 478.81	17 863.23	−8.29

3. 生产损失变化　2022 年，全省养殖渔情监测采集点水产养殖灾害同比下降，灾害造成经济损失 484.34 万元，同比下降 57.8%。其中，以病害为主，造成经济损失 380.14 万元，同比下降 64.21%，自然灾害造成经济损失 85.00 万元，其他灾害造成经济损失 19.20 万元（表 2-11）。

表 2-11　2021 年与 2022 年采集点生产损失情况

损失种类	损失金额（万元）		
	2021 年	2022 年	增减率（%）
病害	1 062.03	380.14	−64.21
自然灾害	46.00	85.00	84.78
其他灾害	39.78	19.20	−51.75
小计	1 147.81	484.34	−57.80

三、2023 年养殖渔情预测

2023 年，我国基本上已经走出新冠疫情的影响，经济回暖明显，消费需求大幅提振，但国外疫情依然存在，俄乌冲突未来走向依然不明。根据 2022 年生产形势，综合考虑当前政策导向、供给能力、市场需求、发展走势等因素，将 2023 年水产养殖业生产形势预测如下：

（1）水产养殖形势整体向好。后疫情时代，随着餐饮和消费回暖，再加上长江十年禁渔和浙江省八大水系禁渔，对养殖水产品的消费需求会有较大提升，全省水产养殖生产形势总体向好。

（2）海水鲈存在不确定性。淡水鱼类价格和销量都将会增加，大黄鱼仍将保持平稳发展，但海水鲈等以出口为主的养殖品种，由于受国外疫情及国际形势的影响，依然存在一定的不确定性。

（3）养殖生产成本将会增加。受俄乌冲突及国外新冠疫情双重影响，鱼粉等原材料和燃油等能源价格不断上涨，预计 2023 年饲料价格会持续上涨，水产养殖利润空间会进一步压缩。

（4）气候影响需引起重视。2022 年夏季的极端高温对水产养殖造成了较大的影响，根据国家气候中心初步研判，认为 2023 年全国气候年景总体偏差，极端天气气候事件仍然呈现出多发强发态势。因此，建议技术推广部门一要密切关注气象信息预报，及时发布情报，为渔业生产服务；二要加强病害防控指导，及时提供技术服务，推进规范用药，尽可能帮助养殖户减少经济损失；三要积极总结提炼并推广新技术新模式，提高养殖主体抗风险能力，降低养殖风险，提高养殖效益。

（浙江省水产技术推广总站）

安徽省养殖渔情分析报告

一、采集点基本情况

2022 年，安徽省设置养殖渔情信息采集点共 42 个，分布在铜陵市枞阳县，马鞍山市当涂县、和县，滁州市定远县，明光市和全椒县，池州市东至县，蚌埠市怀远县，六安市金安区，合肥市庐江县、长丰县，安庆市望江县，淮南市寿县，芜湖市湾沚区，宣城市宣州区，阜阳市颍上县，监测养殖面积为 30 193.05 亩，商品鱼出售数量 6 855.18 吨。

二、2022 年养殖渔情分析

1. 采集点养殖基本情况

（1）苗种投放与商品鱼出塘情况　2022 年采集点苗种投入费用共 3 704.83 万元，比 2021 年（4 410.83 万元）同比减少 16.01%；商品鱼出售数量 6 855.18 吨，比 2021 年（7 282.02吨）同比减少 5.86%；商品鱼销售收入 22 853.90 万元，比 2021 年（23 404.47 万元）同比减少 2.35%；所采集品种的出塘综合价格是 33.34 元/千克，比 2021 年（32.14元/千克）同比上升 3.73%。

（2）生产投入情况　2022 年，采集点生产总投入 15 972.78 万元，比 2021 年同比减少 3.46%。其中，物质投入 13 790.42 万元，比 2021 年同比减少 4.22%，具体各项情况见表 2-12；服务支出 797.95 万元，比 2021 年同比减少 9.43%，各项支出情况见表 2-12；人力投入 1 384.41 万元，比 2021 同比增加 9.44%。

表 2-12　2022 年采集点生产投入情况与 2021 年同期情况对比

项目	金额（万元）		
	2021 年	2022 年	增减率（%）
生产投入	16 544.73	15 972.78	−3.46
（一）物质投入	14 398.66	13 790.42	−4.22
1. 苗种投放	4 410.83	3 704.83	−16.01
投苗情况	706.77	614.27	−13.09
投种情况	3 704.06	3 090.56	−16.56
2. 饲料	7 682.53	8 697.23	13.21
原料性饲料	981.50	549.77	−43.99
配合饲料	6 514.53	8 044.13	23.48
其他饲料	186.50	103.33	−44.60
3. 燃料	125.67	34.27	−72.73
柴油	115.47	20.27	−82.45
其他燃料	10.20	14.00	37.25
4. 塘租费	1 832.32	1 005.58	−45.12

（续）

项目	金额（万元）		
	2021 年	2022 年	增减率（%）
5. 固定资产折旧费	312.54	311.36	−0.38
6. 其他物质投入	34.77	37.15	6.84
（二）服务支出	881.02	797.95	−9.43
1. 电费	335.06	340.19	1.53
2. 水费	25.01	12.66	−49.38
3. 防疫费	454.20	369.90	−18.56
4. 保险费	5.16	1.00	−80.62
5. 其他服务支出	61.59	74.20	20.47
（三）人力投入	1 265.05	1 384.41	9.44
1. 雇工	540.55	540.48	−0.01
2. 本户（单位）人员	724.50	843.93	16.48

（3）生产损失情况　2022 年，采集点水产品损失 33.79 吨，比 2021 年同比减少 15.02%。其中，病害造成水产品损失 22.28 吨，比 2021 年同比增加 34.56%；自然灾害造成水产品损失 11.48 吨，比 2021 年同比减少 50.11%；其他灾害造成水产品损失 0.03 吨，比 2020 年同比减少 85%。采集点水产品经济损失 58.76 万元，比 2021 年同比增加 14.52%。

（4）2022 年水产品价格特点　2022 年商品鱼（包括虾、蟹、鳖等）销售平均价格为 33.34 元/千克。其中淡水鱼类平均价格为 29.85 元/千克；淡水甲壳类为 36.98 元/千克，其中克氏原螯虾价格为 26.13 元/千克，河蟹价格为 87.24 元/千克，青虾价格为 107.07 元/千克，南美白对虾价格为 18.02 元/千克；中华鳖价格为 36.12 元/千克。

2. 2022 年养殖渔情分析

（1）生产投入要素结构特点，饲料费和苗种费占比超过 70%　从 2022 年生产投入构成来看，投入比例大小依次是饲料费占 54.45%，苗种费占 23.19%，人力投入费占 8.67%，塘租费占 6.30%，防疫费占 2.32%，电费占 2.13%，固定资产折旧费占 1.95%，燃料费占 0.21%。饲料费和苗种费 2 项合计占比 77.64%。

（2）苗种费用减少的主要因素　2022 年信息采集点苗种投入费用共 3 704.83 万元，比 2021 年同比减少 16.01%，主要原因来自以下几个方面：一是受新冠疫情防控影响，水产品销售受阻，部分地区达到上市规格的商品鱼不能及时销售，影响了水产养殖从业者的积极性，导致 2022 年对优质鱼种的需求放缓；二是对水产品市场价格走向不确定，对养殖经济效益期望值有所下降。

（3）水产品价格有涨有跌　2022 年商品鱼（包括虾、蟹、鳖等）销售平均价格为 33.34 元/千克，比 2021 年上涨 3.73%。其中，淡水鱼类平均价格为 29.85 元/千克，比 2021 年上涨 23.86%；淡水甲壳类为 36.98 元/千克，比 2021 年下降 2.50%；河蟹价格为 87.24 元/千克，比 2021 年下降 10.39%。

（4）养殖盈亏情况　所有监测点合计养殖面积为 30 193.05 亩，2022 年商品鱼出售数量 6 855.18 吨，平均每亩出售商品鱼 227.04 千克；商品鱼销售收入 22 853.90 万元，平均每亩销售收入为 7 569.26 元；2022 年采集点生产总投入 15 972.78 万元，平均每亩成本为 5 290.22 元；总利润为 6 881.12 万元，平均亩利润为 2 279.04 元，投入产出比为 1∶1.43。从采集点的情况来看，水产养殖盈利状况有所提升。

三、2023 年养殖渔情预测

1. 水产品价格继续看涨　受饲料、人工等成本不断增加的影响，预测 2023 年淡水鱼类的价格在 2022 年相对高位的基础上继续看涨。随着水产绿色健康养殖技术水平的不断提升，淡水甲壳类中，中华绒螯蟹、克氏原螯虾、南美白对虾价格变化不大；青虾受养殖技术和优质水资源的双重限制，总体产量难以大规模提升，预测价格会继续上升；中华鳖价格将呈震荡上升的趋势。

2. 生产成本不断提升　发展水产绿色健康养殖，养殖尾水要实现循环利用或达标排放，养殖单位必须投资建设水质处理和监控设施；同时伴随着水产养殖中饲料、苗种、人力等成本的不断增加，单位水产品的成本必将不断增加。

（安徽省水产技术推广总站）

福建省养殖渔情分析报告

一、采集点设置情况

2022 年福建省设置养殖渔情信息采集点 67 个，具体分布情况见表 2-13。采集品种 17 个，分别为大黄鱼、海水鲈、石斑鱼、南美白对虾、青蟹、牡蛎、蛤、鲍、海带、紫菜、海参等 11 个海水养殖品种，草鱼、鲫、鲢、鳙、鳗鲡、加州鲈等 6 个淡水养殖品种（表 2-13）。

表 2-13　福建省 2022 年养殖渔情监测采集点分布情况

采集品种	采集点（个）	采集点分布情况
大黄鱼	7	福鼎市（2），蕉城区（2），霞浦县（3）
海水鲈	2	福鼎市（1），蕉城区（1）
石斑鱼	3	东山县（3）
南美白对虾（海水）	（3）	龙海市（2），漳浦县（1）
青蟹	3	云霄县（3）
牡蛎	4	惠安县（2），秀屿区（2）
蛤	4	福清市（3），云霄县（1）
鲍	6	连江县（2），东山县（2），秀屿区（2）
海带	6	连江县（2），秀屿区（3），霞浦县（1）
紫菜	6	惠安县（2），平潭实验区（2），福鼎市（1），霞浦县（1）
海参	3	霞浦县（3）
草鱼	5	建瓯市（1），松溪县（1），浦城县（1），连城县（1），清流县（1）
鲫	5	建瓯市（1），松溪县（1），浦城县（1），连城县（1），清流县（1）
鲢	4	建瓯市（1），松溪县（1），浦城县（1），连城县（1）
鳙	3	建瓯市（1），松溪县（1），浦城县（1）
鳗鲡	2	连城县（1），清流县（1）
加州鲈	（1）	清流县（1）
合计	67	

二、2022 年养殖渔情分析

1. 出塘量同比略增，销售收入同比减少　2022 年，全省采集点水产品出塘总量 15 109.55 吨，同比增加 5.77%；销售总收入 38 443.05 万元，同比减少 10.71%（表 2-14）。销售收入增幅最大的是鳗鲡，主要由于 2022 年新增的清流林凯鳗鲡采集点出塘量较大；其次是牡蛎，主要由于惠安县采集点的出塘品种为三倍体牡蛎，出塘量远高于

2021 年，销售收入翻倍。销售收入降幅最大的是鲢，主要由于受到省外（特别是江西）淡水鱼产品的冲击，价格低于 2021 年；其次是大黄鱼，主要由于受疫情影响，产品滞销，大部分养殖户存塘待售。

表 2-14 2022 年监测品种出塘量和销售收入及与 2021 年同期情况对比

品种		出塘量（吨）			销售收入（万元）		
		2022 年	2021 年	增减率（%）	2022 年	2021 年	增减率（%）
淡水鱼类	草鱼	486.01	583.46	−16.70	706.21	903.79	−21.86
	鲢	20.62	33.61	−38.65	11.63	22.87	−49.15
	鳙	7.00	10.77	−35.00	11.23	17.64	−36.34
	鲫	40.57	26.41	53.62	62.78	46.95	33.72
	加州鲈	60.00	65.42	−8.28	138.00	153.97	−10.37
	鳗鱼	195.30	28.00	597.50	1 298.53	184.80	602.67
海水鱼类	海水鲈	5 015.87	5 541.75	−9.49	19 948.81	22 474.04	−11.24
	大黄鱼	1 790.41	3 194.94	−43.96	5 776.30	10 548.22	−45.24
	石斑鱼	43.99	53.75	−18.16	314.64	366.40	−14.13
海水虾蟹类	南美白对虾	169.83	170.54	−0.42	860.39	912.60	−5.72
	青蟹	2.93	2.00	46.50	70.62	43.55	62.16
海水贝类	牡蛎	3 258.00	1 728.35	88.50	846.26	298.25	183.74
	鲍	115.08	199.27	−42.25	1 065.40	1 715.83	−37.91
	花蛤	1 705.00	1 359.50	25.41	2 222.20	1 825.40	21.74
海水藻类	海带	1 033.36	678.84	52.22	370.00	179.27	106.39
	紫菜	860.28	395.63	117.45	551.94	299.25	84.44
海水其他类	海参	305.32	212.60	43.61	4 188.12	3 062.71	36.75
合计		15 109.55	14 284.82	5.77	38 443.05	43 055.54	−10.71

2. 水产品出塘价涨少跌多 11 个采集品种出塘价同比下跌，见图 2-7。其中，鲢的出塘价跌幅最大，达到 17.06%，主要由于受到省外（特别是江西）淡水鱼产品的冲击，价格低于去年；其次是紫菜，同比降幅 15.08%，由于 2021 年受天气影响，紫菜烂苗烂菜现象多，产量低，价格高，2022 年基本没有出现烂菜情况，产量增多，因此价格恢复正常。

6 个采集品种出塘价同比上涨，见图 2-7。其中，涨幅最大的是牡蛎，达 50.29%，主要由于惠安县采集点的出塘品种为三倍体牡蛎，销售单价上涨；其次是海带，涨幅 35.61%，主要由于 2022 年作为海带主产区的山东海区遭遇海带绝收现象，导致市场上海带价格较 2021 年大幅上涨。

3. 生产投入同比略降，饲料费、苗种费投入比例较高 2022 年采集点生产投入共 2.57 亿元，同比减少 0.83%。原料性饲料（27 455.01 吨）与配合饲料（8 312.66 吨）的使用比例为 3.3∶1，生产投入主要集中在苗种费、饲料费上，占总投入的 82.97%（表 2-15）。

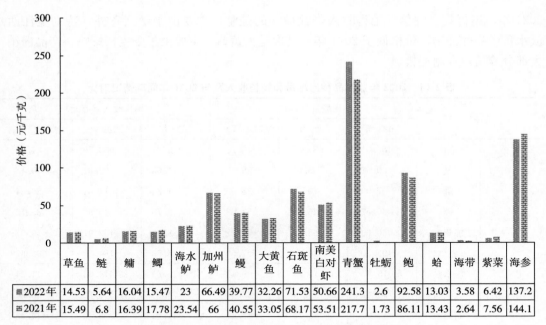

	草鱼	鲢	鳙	鲫	海水鲈	加州鲈	鳗	大黄鱼	石斑鱼	南美白对虾	青蟹	牡蛎	鲍	蛤	海带	紫菜	海参
2022年	14.53	5.64	16.04	15.47	23	66.49	39.77	32.26	71.53	50.66	241.3	2.6	92.58	13.03	3.58	6.42	137.2
2021年	15.49	6.8	16.39	17.78	23.54	66	40.55	33.05	68.17	53.51	217.7	1.73	86.11	13.43	2.64	7.56	144.1

图 2-7　2022 年与 2021 年监测品种平均单价对比

表 2-15　2022 年采集点生产投入情况及与 2021 年同期对比

指标	金额（万元）		
	2022 年	2021 年	增减率（%）
生产投入	25 683.71	25 899.70	−0.83
（一）物质投入	22 875.51	23 674.32	−3.37
1. 苗种费	3 899.50	4 404.92	−11.47
投苗	3 728.32	4 252.54	−12.33
投种	171.17	152.38	12.33
2. 饲料费	17 409.27	18 109.11	−3.86
原料性饲料	9 778.82	11 157.87	−12.36
配合饲料	7 583.78	6 924.67	9.52
其他饲料	46.67	26.57	75.65
3. 燃料费	111.83	68.54	63.16
4. 塘租费	245.62	226.03	8.67
5. 固定资产折旧费	1 092.94	782.83	39.61
6. 其他物质投入	116.36	82.89	40.38
（二）服务支出	983.98	765.98	28.46
1. 电费	221.55	170.87	29.66
2. 水费	10.83	10.66	1.59
3. 防疫费	166.01	133.36	24.48
4. 保险费	403.90	305.48	32.22

（续）

指标	金额（万元）		
	2022 年	2021 年	增减率（%）
5. 其他服务支出	181.69	145.61	24.78
（三）人力投入	1 824.21	1 459.40	25.00
1. 雇工	1 119.22	916.54	22.11
2. 本户（单位）人员	704.99	542.87	29.86

4. 生产损失同比增加　2022 年采集点受灾损失 503.15 吨，同比增加 341.25 吨，增幅 210.78%，其中，病害损失增加 9.22%。病害情况包括草鱼、鳙的水霉病、肠炎病、烂鳃病和寄生虫病等，大黄鱼的内脏白点病、刺激隐核虫病等，南美白对虾（海水）的应激性红体病、桃拉病毒综合征、白斑病、弧菌病、肠炎等，海参的化皮、吐肠等现象。此外，夏季水灾的影响亦较大。

5. 监测品种存塘情况　2022 年年末，各监测品种存塘量同比增幅最大的 3 个品种依次为鳙、鲫、鲍（表 2-16）。鳙、鲫存塘量的陡增，主要由于年底气温骤降及受海水鱼产品冲击，淡水鱼销量减少；鲍主要由于部分采集点是投小苗要跨年才能收成，另外受新冠疫情影响，出塘价不理想，部分养殖户惜售。

表 2-16　2022 年与 2021 年监测品种存塘情况及同期对比情况

品种	2022 年末存塘量（吨）	2021 年末存塘量（吨）	增减率（%）
草鱼	213.00	341.50	−37.63
鲢	26.88	35.63	−24.56
鳙	21.45	11.60	84.91
鲫	36.62	22.03	66.23
加州鲈	0.00	0.00	0.00
鳗	47.00	90.00	−47.78
海水鲈	607.05	1 811.75	−66.49
大黄鱼	3 900.00	4 247.00	−8.17
石斑鱼	12.50	15.25	−18.03
南美白对虾	13.50	9.25	45.95
青蟹	4.40	5.30	−16.98
牡蛎	1 926.25	1 489.50	29.32
鲍	109.00	68.00	60.29
蛤	400.00	300.00	33.33
海带	0.00	0.00	0.00
紫菜	85.00	84.38	0.73
海参	0.00	143.67	−100.00

三、特点和特情分析

1. 石斑鱼价格波动明显　2022 年上半年石斑鱼价格相对稳定在 70 元/千克左右；自 6 月 13 日起暂停进口台湾石斑鱼后，福建省石斑鱼价格最高飙升至 100 元/千克，直到 10 月以后才逐渐恢复到 60 元/千克左右。石斑鱼价格虽然起伏不定，但养殖户大部分还是处于微利状态。

2. 大宗淡水鱼行情下行　一是广东、湖北、江西等省外淡水产品的大量涌入，福建省大宗淡水鱼市场总体供大于求，价格较低迷；二是海水产品对大宗淡水产品冲击明显，随着交通物流条件的逐年完善，以及消费者对海水产品及中高档鱼类需求的增加，大宗淡水鱼市场逐渐萎缩。此外饲料成本上涨，亦造成养殖户利润空间进一步被压缩。

3. 鲍养殖成本上升　2022 年鲍养殖受海带、龙须菜等藻类价格飞涨影响，养殖成本大幅提升，造成鲍的养殖户大部分亏损，投资热情有所消退，鲍的养殖形势不容乐观。

4. 海带价格上涨明显　2022 年海带价格上涨的主要原因：一是作为海带主产区的山东海区遭遇海带绝收现象，产量骤减，导致海带价格较往年大幅上涨；二是海带作为养殖海参、鲍的饵料，需求量增加，也同样造成了海带价格上涨。

四、2023 年养殖渔情预测

1. 淡水鱼类　随着国家对农业用地的控制，池塘养殖规模将难以扩大，传统的大宗淡水鱼养殖利润逐步在缩小，应指导养殖户做好池塘养殖品种或养殖模式调整，提升养殖水产品的质量，进一步提升养殖效益。

2. 大黄鱼　因持续推进塑胶渔排等渔业设施提升改造工作，加大深远海养殖平台建设支持力度，同时大力推动大黄鱼绿色健康养殖技术，不断提升大黄鱼养殖品质，2023 年价格或将上涨。

3. 鲍　目前，鲍的"南北接力"轮养模式正在重现生机，南北接力轮养充分利用水温差特点，鲍的生长速度快，产品价格也高，在北方养殖期间饲料价格可以承受，综合效益比 2021 年好，在饲料成本上涨的形势下，此种养殖模式的比例或数量将增加。

4. 海参　随着防疫政策的放开，购买和长期食用海参的需求或将有所增加，这将为海参市场营造利好消费环境，预计海参行情将逐步回升。

（福建省水产技术推广总站）

江西省养殖渔情分析报告

一、采集点基本情况

2022 年，江西省在进贤、鄱阳、余干、玉山、都昌、上高、新干、彭泽、瑞金、南丰等 10 个县（市）设置了 32 个采集点、采集点总面积 8 612 亩，共 13 个采集品种。在 2021 年基础上监测县和采集点与采集品种无变更，其中：常规鱼类 4 种，为草鱼、鲢、鳙、鲫；名优鱼类 6 种，为黄颡鱼、泥鳅、黄鳝、加州鲈、鳜、乌鳢，另有克氏原螯虾、河蟹、鳖，均为淡水养殖。

二、养殖渔情分析

与 2021 年相比，2022 年全省采集品种的销售量、销售额、销售单价和生产投入均同比增长，生产损失同比减少。具体情况如下：

1. 监测品种出塘量和销售额同比出现分化 全省采集点共销售水产品 4 146 847 千克，同比增长 55.28%；销售额 62 607 249 元，同比减少 3.14%。其中：淡水鱼类销售量为 3 514 595 千克，同比增加 61.67%，销售额为 34 574 407 元，同比减少 19.46%；淡水甲壳类销售量为 120 728 千克，同比减少 45.78%，销售额为 6 577 800 元，同比减少 13.03%；鳖类销售量为 511 524 千克、销售额为 21 455 042 元，同比分别增长 86.74%、51.64%（表 2-17）。

表 2-17 2022 年采集点监测品种出塘量和销售额情况及与 2021 年同期情况对比

品种名称	出塘量（千克）			销售额（元）		
	2022 年	2021 年	增减率（%）	2022 年	2021 年	增减率（%）
合计	4 146 847	2 670 589	55.28	62 607 249	64 638 870	−3.14
淡水鱼类	3 514 595	2 173 997	61.67	34 574 407	42 926 970	−19.46
草鱼	2 289 633	785 900	191.34	9 035 821	10 409 469	−13.20
鲢	95 136	143 637	−33.77	771 836	1 552 949	−50.30
鳙	129 674	153 440	−15.49	1 638 547	2 988 665	−45.17
鲫	204 900	321 955	−36.36	2 872 520	5 329 271	−46.10
黄颡鱼	544 589	522 447	4.24	12 378 975	12 452 661	−0.59
泥鳅	63 509	31 321	102.77	1 495 236	1 035 691	44.37
黄鳝	47 628	77 618	−38.64	2 011 950	4 815 706	−58.22
加州鲈	6 094	3 598	69.37	178 501	179 370	−0.48
鳜	8 357	24 831	−66.34	1 848 606	2 120 938	−12.84
乌鳢	125 075	109 250	14.49	2 342 415	2 042 250	14.70
淡水甲壳类	120 728	222 669	−45.78	6 577 800	7 562 884	−13.03
克氏原螯虾	63 070	177 880	−64.54	1 514 800	3 891 600	−61.08

（续）

品种名称	出塘量（千克）			销售额（元）		
	2022 年	2021 年	增减率（%）	2022 年	2021 年	增减率（%）
河蟹	57 658	44 789	28.73	5 063 000	3 671 284	37.91
淡水其他	511 524	273 923	86.74	21 455 042	14 149 016	51.64
鳖	511 524	273 923	86.74	21 455 042	14 149 016	51.64

从表 2-17 可以看出，13 个采集品种的出塘量、销售额出现分化，草鱼、黄颡鱼、泥鳅、加州鲈、乌鳢、河蟹、鳖的出塘量同比增长，其中草鱼出塘量增幅最大，但受价格影响，只有泥鳅、乌鳢、河蟹、鳖的销售额也同比增长。鲢、鳙、鲫、黄鳝、鳜、克氏原螯虾的销售量和销售额均同比减少。

2. 出塘价格　从表 2-18 可以看出，在监测的 13 个采集品种中，有 5 个品种的综合销售价格同比上涨，8 个品种综合销售价格同比下降。价格上涨的 5 个品种分别为加州鲈、鳜、乌鳢、克氏原螯虾、河蟹，涨幅依次为 24.64%、12.16%、0.21%、9.78%、7.12%；价格下降的 8 个品种分别为草鱼、鲢、鳙、鲫、黄颡鱼、泥鳅、黄鳝、鳖，下跌幅度依次为 2.26%、36.36%、35.11%、15.29%、4.66%、28.82%、31.91%、18.80%。

表 2-18　2022 年各采集点监测品种价格及 2021 年同期情况对比

品种名称	单价（元/千克）		
	2022 年	2021 年	增减率（%）
淡水鱼类	19.44	19.75	−1.57
草鱼	12.95	13.25	−2.26
鲢	6.88	10.81	−36.36
鳙	12.64	19.48	−35.11
鲫	14.02	16.55	−15.29
黄颡鱼	22.73	23.84	−4.66
泥鳅	23.54	33.07	−28.82
黄鳝	42.24	62.04	−31.91
加州鲈	29.29	23.5	24.64
鳜	75.47	67.29	12.16
乌鳢	18.73	18.69	0.21
淡水甲壳类	54.48	33.96	60.42
克氏原螯虾	24.02	21.88	9.78
河蟹	87.81	81.97	7.12
淡水其他	41.94	51.65	−18.80
鳖	41.94	51.65	−18.80

3. 养殖生产投入同比增加，饲料、苗种、人工开支占比较重　2022 年全年渔情信息

采集点总投入 55 535 990 元，同比增长 22.08%。具体见表 2-19。

表 2-19　2022 年和 2021 年采集点生产投入对比

指标	金额（元）		
	2021 年	2022 年	增减率（%）
生产投入	45 492 308	55 535 990	22.08
（一）物质投入	35 489 277	47 826 034	34.76
1. 苗种费	5 522 491	8 263 618	49.64
投苗情况	1 147 433	4 739 476	313.05
投种情况	4 375 058	3 524 142	−19.45
2. 饲料费	26 723 276	36 022 764	34.80
原料性饲料	4 220 078	4 552 167	7.87
配合饲料	21 581 143	30 526 767	41.45
其他饲料	922 055	943 830	2.36
3. 燃料费	497 519	393 730	−20.86
柴油	18 370	7 685	−58.17
其他燃料	479 149	386 045	−19.43
4. 塘租费	1 950 800	2 609 782	33.78
5. 固定资产折旧费	366 319	463 560	26.55
6. 其他物质投入	428 872	72 580	−83.08
（二）服务支出	2 948 427	2 683 196	−9.00
1. 电费	1 724 453	1 752 242	1.61
2. 水费	6 060	15 180	150.50
3. 防疫费	1 096 922	754 354	−31.23
4. 保险费	−1	19 800	−1 980 100.00
5. 其他服务支出	120 993	141 620	17.05
（三）人力投入	7 054 604	5 026 760	−28.74
1. 雇工	3 283 226	2 060 580	−37.24
2. 本户（单位）人员	3 771 378	2 966 180	−21.35

从表 2-19 可以看出，生产投入中饲料费、苗种费和塘租费同比 2021 年增长，燃料费、服务支出和人力支出同比 2021 年减少，但总体生产投入中比 2021 年新增加了保险费，表明养殖主体的风险意识增强，主动增加养殖投保以增加抗风险能力。

生产投入中，饲料费占比最大，为 64.86%，其次为苗种费，为 14.88%。

4. 受灾损失同比大幅增加　2022 年，采集点受灾损失大幅增加。其中，病害损失为 46.94 万元，同比增加 78.28%；自然灾害损失为 115.00 万元，主要因为干旱造成水量减少（表 2-20）。

表 2-20　2022 年和 2021 年采集点受灾损失对比

指标	金额（万元）		
	2021 年	2022 年	增减率（%）
受灾损失	26.33	161.94	515.04
1. 病害	26.33	46.94	78.28
2. 自然灾害	0	115.00	0.00
3. 其他灾害	0	0	0.00

三、养殖生产形势分析

（1）四大家鱼市场销量减少，价格同比降低；鲈、黄颡鱼、鳜、泥鳅、河蟹、鳖等特种水产市场销量大幅增加，价格向好。可调整养殖品种结构，结合居民消费癖好，加大名特优水产品种养殖。

（2）推广健康养殖，注意病害防控，减少病害损失，可适当投保养殖保险以抵抗养殖风险。

四、2023 年水产养殖生产形势预测

随着新冠疫情的全面放开，结合 2022 年渔情监测数据和全省水产养殖生产实际情况，从市场需求方面分析，预测 2023 年会继续调优养殖品种结构，加大名特优水产品养殖，水产品价格将保持较好的价位运行，水产养殖生产形势较为乐观。

（江西省农业技术推广中心畜牧水产技术推广应用处）

山东省养殖渔情分析报告

2022年，山东省在21个县（市、区）布设了48个渔情信息采集点，其中淡水养殖采集县（市、区）9个，采集点20个，采集淡水养殖水面1.78万亩；海水养殖采集县（市、区）12个，采集点28个，采集海水养殖水面2.05万亩，筏式养殖1.83万亩，底播养殖10.18万亩，工厂化养殖1.21万米^2，网箱养殖1万亩。采集7大类16个品种，基本涵盖全省主要养殖品种，能真实、准确反映出全省水产养殖生产的实际情况。

一、总体情况

采集点养殖生产情况总体大幅下滑。1—12月，全省采集点出塘总量47 876.50吨，同比减少49.24％；出塘收入70 120.44万元，同比减少11.68％（表2-21）。

表2-21　2022年1—12月主要养殖品种出塘量和收入情况及与2021年同期情况对比

养殖品种	出塘量（吨）			出塘收入（万元）		
	2021年	2022年	增减率（％）	2021年	2022年	增减率（％）
草鱼	1 874.37	2 002.17	6.82	3 974.99	3 187.58	−19.81
鲢	100.53	59.23	−41.08	61.59	38.65	−37.25
鳙	49.60	28.15	−43.25	64.36	36.11	−43.89
鲤	106.40	66.22	−37.76	164.05	73.31	−55.31
鲫	12.19	6.10	−49.96	15.17	6.93	−54.32
乌鳢	5 187.71	2 627.61	−49.35	11 747.69	7 262.35	−38.18
南美白对虾（淡水）	197.57	97.95	−50.42	732.85	469.26	−35.97
海水鲈	1 073.38	874.37	−18.54	5 523.20	5 550.23	0.49
鲆	113.85	123.06	8.09	519.71	591.09	13.73
南美白对虾（海水）	1 111.22	646.24	−41.84	3 431.09	2 653.62	−22.66
梭子蟹	44.57	49.38	10.79	364.97	281.35	−22.91
牡蛎	6 007.00	3 690.00	−38.57	6 198.60	4 455.70	−28.12
鲍	22.63	9.58	−57.67	139.84	66.96	−52.12
扇贝	813.63	906.13	11.37	472.41	588.15	24.50
蛤	24 486.59	33 789.60	37.99	20 309.36	28 019.91	37.97
海带	52 157.83	1 735.00	−96.67	9 859.89	440.00	−95.54
海参	953.01	1 165.71	22.32	15 815.67	16 399.24	3.69

二、主要指标变动情况

1. 大宗淡水鱼　采集点大宗淡水鱼出塘量4 789.48吨，同比减少34.67％，各品种出塘量比例见图2-8；收入10 604.93万元，同比减少33.83％，各品种出塘收入比例见图 2-9；2021 年鱼苗、鱼种价格上涨幅度较大，受疫情影响，鱼苗、鱼种跨地区运输受限，采集点放苗量减少，且草鱼、鲤、鲫出塘价下滑明显，采集点存塘惜售，导致出塘量大幅减少。采集点大宗淡水鱼综合出塘价为 22.14 元/千克，同比增长 1.28%。草鱼、鲢、鳙、鲤、鲫和乌鳢综合出塘价分别为 15.92 元/千克、6.53 元/千克、12.83 元/千克、11.07 元/千克、11.36 元/千克、27.64 元/千克。其中，草鱼、鲤、鲫、鳙综合出塘价同比分别下降 24.94%、28.21%、8.68%、1.16%；鲢、乌鳢同比分别上涨 6.53%、22.03%。草鱼、鲤、鲫、鳙受疫情影响，市场消费低迷，综合出塘价不同程度下滑，下降幅度较大；目前压塘量较多，待价格回暖后出售。鲢综合出塘价上涨主要有三方面原因：一是近几年养殖面积和养殖产量下降，存塘量不足，市场供不应求；二是部分养殖户存塘惜售，2022 年出塘成鱼规格较大，售价上涨；三是饲料成本、工人费用等生产性投入增加，造成养殖成本升高。

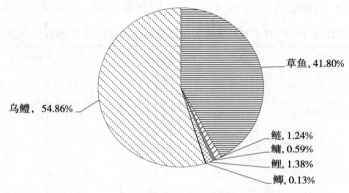

图 2-8　2022 年大宗淡水鱼各品种出塘量比例

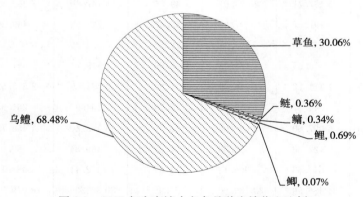

图 2-9　2022 年大宗淡水鱼各品种出塘收入比例

2. 南美白对虾　采集点淡水南美白对虾出塘量 97.95 吨，同比减少 50.42%；收入 469.26 万元，同比减少 35.97%；综合出塘单价 47.91 元/千克，同比上涨 29.17%。南美白对虾出塘量大幅下滑主要原因：一是 2022 年入夏以来，高温、强降雨等极端天气频发，对生产造成较大影响，部分地区南美白对虾发生病害，造成减产减收；二是受疫情影响，生产资料跨地区运输受限，饲料价格上涨，造成养殖成本大幅增加，养殖积极性不高，部分池塘放苗量同比下降。外塘养殖总体产量下降且养殖成本增加，造成出塘价格大幅增长。

3. 海水鱼类　采集点海水鱼类出塘量 997.43 吨，同比减少 15.99%；收入 6 141.32 万元，同比增加 1.63%；综合出塘单价 61.57 元/千克，同比上涨 20.96%。其中，海水鲈出塘量 874.37 吨，同比减少 18.54%，收入 5 550.23 万元，同比增加 0.49%，综合出塘单价 63.48 元/千克，同比上涨 23.36%；鲆出塘量 123.06 吨，同比增加 8.09%，收入 591.09 万元，同比增加 13.74%，综合出塘单价 48.03 元/千克，同比上涨 5.21%。

4. 海水虾蟹类　采集点海水虾蟹类出塘量 695.62 吨，同比减少 39.81%；收入 2 934.96 万元，同比减少 22.68%；综合出塘单价 42.19 元/千克，同比上涨 28.47%。其中，南美白对虾出塘量 646.24 吨，同比减少 41.84%，收入 2 653.62 万元，同比减少 22.66%，综合出塘单价 41.06 元/千克，同比上涨 32.97%；梭子蟹出塘量 49.38 吨，同比增加 10.79%，收入 281.35 万元，同比减少 22.91%，综合出塘单价 56.98 元/千克，同比下降 30.42%。

5. 海水贝类　采集点海水贝类出塘量 38 395.31 吨，同比增加 22.55%；收入 33 130.72 万元，同比增加 22.16%；综合出塘单价 8.63 元/千克，与 2021 年基本持平。其中，牡蛎出塘量 3 690.00 吨，同比减少 38.57%，收入 4 455.70 万元，同比减少 28.12%，综合出塘单价 12.08 元/千克，同比上涨 17.05%；鲍出塘量 9.58 吨，同比减少 57.66%，收入 66.96 万元，同比减少 52.12%，综合出塘单价 69.90 元/千克，同比上涨 13.13%；扇贝出塘量 906.13 吨，同比增加 11.37%，收入 588.15 万元，同比增加 24.50%，综合出塘单价 6.49 元/千克，同比上涨 11.70%；蛤出塘量 33 789.60 吨，同比增加 37.99%，收入 28 019.91 万元，同比增加 37.97%，综合出塘单价 8.29 元/千克，与 2021 年基本持平。

目前山东省牡蛎主养区积极推广新品种——三倍体牡蛎，具有育性差、生长快、品质优、抗高温、繁殖季节死亡率低等优势，价格比普通二倍体牡蛎高一倍以上，经济效益显著。随着疫情防控形势好转，扇贝、鲍等水产品价格也稳步上涨。

6. 海带　采集点海带出塘量 1 735.00 吨，同比减少 96.67%；收入 440.00 万元，同比减少 95.54%。综合出塘单价 2.54 元/千克，同比上涨 34.39%。2021 年 11 月下旬开始，海带主产区荣成市等海域，受水温升高、水流交换大、营养盐降低等因素影响，海带发生大面积溃烂，采集点养殖海带几近绝产，造成海带价格大幅上涨。

7. 海参　采集点海参出塘量 1 165.71 吨，同比增加 22.32%；收入 16 399.24 万元，同比增加 3.69%；综合出塘价 140.68 元/千克，同比下降 15.23%。海参高温安全度夏技术在全省各地得到广泛推广，只有个别采集点受高温灾害影响较大。总体产量明显增加，市场供应充足，价格略有下调。

三、生产特点分析

苗种、饲料费投入占比大　1—12 月采集点生产投入共 2.09 亿元，主要包括物质投入、服务支出和人力投入三大类，分别为 1.55 亿元、969.82 万元和 4 373.61 万元，分别占比为 74.16%、4.64% 和 20.93%。在物质投入大类中，苗种费、饲料费、燃料费、塘租费、固定资产折旧费及其他物质投入分别占比 32.23%、27.62%、3.15%、9.18%、1.86%、0.35%。服务支出大类中，电费、水费、防疫费、保险费及其他服务支出分别占比 2.58%、0.43%、0.87%、0.39% 和 0.38%（图 2-10）。

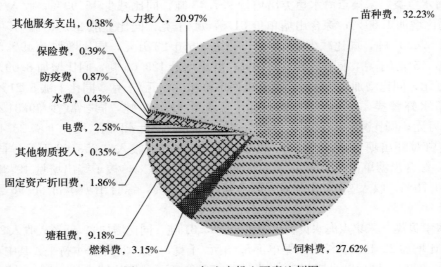

图 2-10　2022 年生产投入要素比例图

1—12 月采集点病害损失 672.82 万元。具体如下：①采集点大宗淡水鱼未发生规模性病害，病害损失 2.21 万元。②海水鱼类病害损失 2.89 万元，同比增加 42.38%，全部为大菱鲆病害损失。③海水虾蟹类病害损失 5.70 万元，同比减少 45.71%，主要为梭子蟹病害损失，为 5.30 万元，同比减少 47.23%。④海带病害损失 432.00 万元，占比 64.21%。⑤海水贝类病害损失 107.12 万元，全部为牡蛎病害损失。病害发生主要原因：一是夏天温度回升，分笼管理时牡蛎露空时间过长及部分受损，入水后饵料营养供应不足等持续胁迫引发的连锁反应导致部分牡蛎死亡；二是由于近年来牡蛎养殖规模不断扩大，海水饵料匮乏，牡蛎生长发育营养不足导致死亡；三是 3 龄牡蛎自然死亡率本身就高，且营养需求量也大，饵料严重匮乏导致营养跟不上，分笼受伤等也会使死亡率上升。⑥海参病害损失 113.90 万元。⑦南美白对虾（淡水）病害损失 9.00 万元。

总体来看，除了海水贝类，大部分采集品种通过实施水产绿色健康养殖五大行动、养殖病害防治"线上＋线下"技术服务等系列工作，养殖病害防控形势好转，产业发展态势良好。

四、2023 年生产形势预测

目前山东省养殖渔业总体向好，淡水鱼、海参等部分养殖品种价格相对稳定。2022 年海参度夏比较成功，增强了养殖户养殖信心，利于扩大生产；消费者保健意识提升，海参市场需求逐步扩大；海参养殖结构和模式渐趋优化，生态养殖和病害防控等意识不断增强，养殖效益正在逐步提升。

2023 年生产形式预测：①海参养殖生产形势可能趋好。②随着牡蛎鲜品电商销售的快速发展，山东省牡蛎知名度不断提高，牡蛎价格仍会持续上涨，牡蛎养殖生产形势积极乐观。③大菱鲆现阶段成鱼存塘量不足，随着价格逐步升高，养殖面积和投苗量会逐渐增加。随着疫情全面结束，生产资料、成鱼运输等限制因素取消，总体生产会有较大改观。

（山东省渔业发展和资源养护总站）

河南省养殖渔情分析报告

一、养殖渔情概况

2022 年，河南省共选取 10 个信息采集县、27 个养殖渔情信息采集点。设置淡水养殖监测代表品种 8 个，分别为鲤、鳙、鲢、鲫、草鱼、河蟹、南美白对虾、克氏原螯虾；重点关注品种 6 个，分别为河蟹、南美白对虾、克氏原螯虾、鳙、鲢、草鱼。27 个采集点共售出水产品 1 024.28 吨，销售收入 1 946.52 万元，生产投入总计 1 947.61 万元，其中，苗种投入所占比例为 9.68%。受灾损失 4.47 万元，均为病害损失，共计 2 702 千克。

二、主要监测指标变化

1. 水产品销售量变化　2022 年，27 个采集点共售出水产品 1 024.28 吨，同比减少 48.72%；销售收入 1 946.52 万元，同比减少 38.56%（表 2-22）。其中，淡水鱼类销售量 815.27 吨，销售收入 1 020.18 万元；淡水甲壳类销售量 209.01 吨，销售收入 926.34 万元，同比增长 24.15%。淡水鱼类中，鲤销量和销售额最大，分别占淡水鱼类总销量和总销售额的 61.54% 和 56.98%；其次是草鱼，销量和销售额分别占淡水鱼类总销量和总销售额的 24.53% 和 28.8%。淡水甲壳类中，克氏原螯虾销量和销售额最大，分别占淡水甲壳类总销量和总销售额的 66.94% 和 51.27%；其次是南美白对虾（淡水），分别占淡水甲壳类总销量和总销售额的 18.95% 和 21.85%（表 2-22）。

表 2-22　2022 年和 2021 年各品种销售量和销售收入对比

分类	品种名称	销售额（万元）			销售数量（吨）		
		2021 年	2022 年	增减率（%）	2021 年	2022 年	增减率（%）
合计		3 168.14	1 946.52	−38.56	1 997.36	1 024.28	−48.72
淡水鱼类	小计	2 422.00	1 020.18	−57.88	1 814.22	815.27	−55.06
	草鱼	1 243.44	293.86	−76.37	841.70	199.95	−76.24
	鲢	62.08	48.23	−22.31	78.70	58.70	−25.41
	鳙	60.84	41.76	−31.36	43.20	27.40	−36.57
	鲤	885.64	581.33	−34.36	751.72	501.72	−33.26
	鲫	170.00	55.00	−67.65	98.90	27.50	−72.19
淡水甲壳类	小计	746.14	926.34	24.15	183.14	209.01	14.13
	克氏原螯虾	315.28	474.94	50.64	107.79	139.91	29.80
	南美白对虾（淡水）	248.78	202.40	−18.64	59.33	39.60	−33.25
	河蟹	182.08	249.00	36.75	16.02	29.50	84.14

2. 水产品价格变化　2022 年，各监测点显示，淡水鱼类单价总体有所增长，其中鲫同比增长 16.35%、鳙同比增长 8.24%、鲢同比增长 4.18%；淡水甲壳类单价同比增长

8.79%，其中克氏原螯虾同比增长 16.07%、南美白对虾同比增长 21.89%。此外，草鱼、鲤价格下降不明显，河蟹价格下降幅度最大，同比下降 25.73%（表 2-23）。

表 2-23　2022 年和 2021 年主要监测品种销售单价对比

分类	品种名称	单价（元/千克）		
		2021 年	2022 年	增减率（%）
淡水鱼类	平均	13.35	12.51	−6.29
	草鱼	14.77	14.7	−0.47
	鲢	7.89	8.22	4.18
	鳙	14.08	15.24	8.24
	鲤	11.78	11.59	−1.61
	鲫	17.19	20	16.35
淡水甲壳类	平均	40.74	44.32	8.79
	克氏原螯虾	29.25	33.95	16.07
	南美白对虾（淡水）	41.93	51.11	21.89
	河蟹	113.66	84.41	−25.73

2022 年 1—12 月，主要监测品种出塘价格变化如图 2-11、图 2-12 所示。淡水鱼类中，草鱼在 6 月达到价格峰值 40 元/千克，随后出塘价格呈下降趋势，主要销售月份在 1—6 月及 12 月；鲤在 1 月达到价格峰值 12.14 元/千克，随后出塘价格呈下降趋势，主要销售月份在 1—5 月。淡水甲壳类中，克氏原螯虾 2 月上市，一直销售到 10 月，价格最高在 2 月，达到 80.77 元/千克，最低在 4 月，只有 28.72 元/千克；河蟹和南美白对虾分别在 10 月和 8 月上市，销售至 11 月，价格最高分别在 91.03 元/千克和 56.29 元/千克。

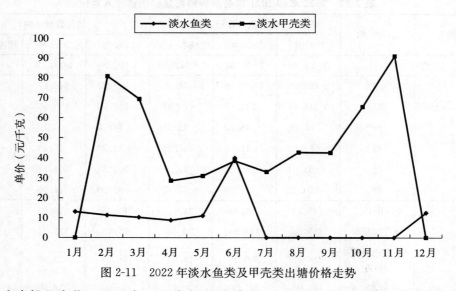

图 2-11　2022 年淡水鱼类及甲壳类出塘价格走势

3. 生产投入变化　2022 年，生产投入总计 1 947.61 万元，与 2021 年相比，同比减少 63.49%。其中，物质投入所占比例最大，为 87.94%，其次是人力支出 7.18%。物质投入中占比最大的是饲料费 34.66%，低于 2021 年的 58.34%（图 2-13）。

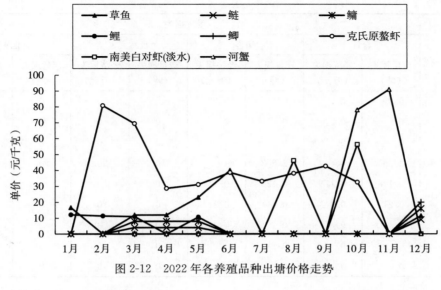

图 2-12　2022年各养殖品种出塘价格走势

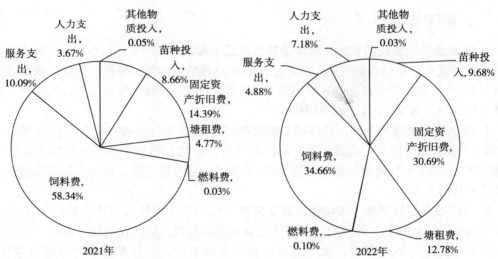

图 2-13　生产投入变化

4. 受灾损失情况变化　2022年，经济损失主要为病害损失，共计 4.474 万元，同比减少 98.86％，产量损失 2.702 吨，同比减少 93.07％。其中，民权县病害损失最为严重，经济损失 4 万元，同比减少 81.65％（表 2-24）。

表 2-24　2022年各监测点受灾损失情况表

地区	受灾损失							
	合计		病害		自然灾害		其他灾害	
	产量损失（吨）	经济损失（万元）	产量损失（吨）	经济损失（万元）	产量损失（吨）	经济损失（万元）	产量损失（吨）	经济损失（万元）
河南	2.702	4.474	2.702	4.474	0	0	0	0

（续）

地区	受灾损失							
	合计		病害		自然灾害		其他灾害	
	产量损失（吨）	经济损失（万元）	产量损失（吨）	经济损失（万元）	产量损失（吨）	经济损失（万元）	产量损失（吨）	经济损失（万元）
固始县	0	0	0	0	0	0	0	0
罗山县	0	0	0	0	0	0	0	0
孟津县	0	0	0	0	0	0	0	0
民权县	2.366	4	2.366	4	0	0	0	0
平桥区	0.126	0.174	0.126	0.174	0	0	0	0
西平县	0.21	0.3	0.21	0.3	0	0	0	0
延津县	0	0	0	0	0	0	0	0
中牟县	0	0	0	0	0	0	0	0
潢川县	0	0	0	0	0	0	0	0

二、结果与分析

1. 淡水鱼类销售波动较大，总体销售情况呈下降趋势　2022 年河南省相关采集点草鱼销售数据显示，草鱼市场价格上涨，激发养殖户养殖和销售积极性。但是，淡水鱼类销售量与 2021 年相比均明显下降，原因是在 2022 年下半年，新冠疫情形势逐渐严峻，影响正常市场销售，直至 12 月才有所缓解。

2. 淡水甲壳类销售上升，总体销售情况良好　2022 年河南省各采集点除南美白对虾较 2021 年销售量下降外，克氏原螯虾和河蟹销售情况均有明显上升。分析所得克氏原螯虾和河蟹在 2021 年度销量较低，使得 2022 年度养殖量有所下降；其次高温等原因也会造成销售价格的升高。

3. 生产投入明显下降，市场整体表现欠佳　2022 年生产投入总计 1 947.61 万元，较 2021 年度减少 63.49%，除饲料、服务支出和其他物质投入的占比有所下降外，其余投入占比均有所提高。2022 年度，水产品市场整体表现欠佳，部分养殖品种塘边价格较高，总销售量较 2021 年大幅降低。

4. 病害影响明显，部分地区水产养殖业受损　2022 年部分地区发生病害，涉及范围涵盖商丘市民权县、信阳市平桥区和驻马店市西平县的采集点，病害影响是河南省水产养殖业受灾损失的主要原因，其中以细菌性疾病和寄生虫疾病较严重。病害发生主要集中在夏季，在夏季来临前后的养殖生产中，需要尤其注意病害的防控。

四、渔情特点分析

从监测数据来看，2020—2022 年水产品销售波动很大，各采集点销售量与 2019 年相比，仍处于下降趋势。2022 年，随着疫情防控进入尾声，大宗淡水产品价格逐渐趋于稳定，受整体经济状况的影响，全年饭店酒楼经营情况均不太乐观，宴席等大型聚餐很大程度上被缩减，一家一户自己做饭成为日常，可能是引起大宗淡水产品消费量下降的原因之一。另外，从 2021 年郑州"7·20"洪涝灾害到 2022 年大范围干旱，极端天气频发引起的自然灾害愈演愈烈，对水产养殖业造成了严重的灾害损失。

五、2023 年养殖渔情预测

预计 2023 年，随着人们对高品质水产品需求量的增加，大宗淡水产品的消费量会有所上涨，但难以恢复至疫情前的水平；鲤、鲫等大宗淡水产品出塘价格整体会有所波动，但幅度不大，整体销售情况要好于 2022 年，销售量会呈现恢复的趋势。另外，拓展新的销售思路，销售方式，是实现经济最大化的路线之一，发展"互联网＋"、水产品加工、"预制菜"等，让水产品安全、高效、实惠地游到家家户户的餐桌。

（河南省水产技术推广站）

湖北省养殖渔情分析报告

根据湖北省 10 个县、市、区渔情采集数据，结合全省渔业养殖生产实际，总体看，2022 年监测点成鱼出塘量、综合价格、经济效益同比增长。展望 2023 年，随着新冠疫情防控政策的调整，渔业生产形势将稳定迈向良性发展。

一、主要监测指标变动及养殖特情分析

（一）主要监测指标变动

1. 成鱼出塘量同比增加，水产品综合价格同比上升，经济效益上升 相较 2021 年同期，采集点水产品销售量增加了 2.84%，其中，淡水鱼类增加了 5.97%，淡水其他类增加了 32.78%，淡水甲壳类基本持平。水产品综合价格同比上升了 8.85 元/千克。经济效益同比增加了 12.84%，其中，淡水鱼类增加了 16.26%，淡水甲壳类增加了 11.60%，淡水其他类下降了 7.11%（表 2-25）。

2. 鱼苗放养量同比减少，鱼种投放量同比增加，苗种投入费用基本持平 随着疫情对渔业生产影响的逐步降低，渔业生产秩序逐步恢复，尽管 6—7 月湖北省发生了干旱，但苗种投放基本没有受到影响。从监测数据看，10 个采集点共投放鱼苗 1 010 万尾，同比减少 879 万尾，下降了 46.53%；投放鱼种 70.95 吨，同比增加 5.74 吨，上升了 8.80%。苗种投入费用共 417.68 万元，同比增加 2.64 万元，上升了 0.64%。

表 2-25　2022 年各监测品种出塘量和出塘收入及与 2021 年同期情况对比

品种	2022 年出塘量（千克）	增减率（%）	2022 年销售收入（万元）	增减率（%）
合计	1 205 820	2.84	4 160.62	12.84
淡水鱼类	522 888	5.97	1 471.29	16.26
草鱼	142 200	−13.37	169.22	−15.19
鲢	20 546	58.78	16.56	65.49
鳙	9 038	41.22	12.09	50.03
鲫	16 047	103.13	26.71	139.09
黄颡鱼	86 985	37.42	186.67	32.53
泥鳅	155 800	−2.07	437.64	22.16
黄鳝	53 247	8.55	358.24	6.75
鳜	39 025	27.50	264.16	30.72
淡水甲壳类	667 924	0.00	2 623.16	11.60
克氏原螯虾	349 912	3.55	947.21	49.11
南美白对虾	36 995	66.71	221.97	65.26
河蟹	281 017	−8.65	1 453.98	−7.84

（续）

品种	2022 年出塘量 （千克）	增减率（％）	2022 年销售收入 （万元）	增减率 （％）
淡水其他	15 008	32.78	66.17	−7.11
中华鳖	15 008	32.78	66.17	−7.11

3. 生产投入同比减少，物质和服务投入同比下降，人工成本有所增加　监测点全年生产总投入共计 2 472.01 万元，同比减少了 12.05％。其中，物质投入 1 855.59 万元，同比下降了 1.78％；服务支出 387.24 万元，同比下降了 45.18％；人力投入 229.18 万元，同比增加了 6.52％（图 2-14）。

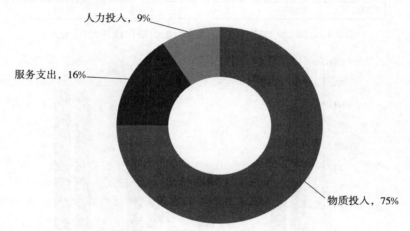

图 2-14　2022 年各项生产投入占比（万元、％）

4. 病害损失同比下降，其他灾害损失同比增加　从监测数据看，监测点水产品产量共计损失 9 736 千克，同比下降了 35.63％；水产品产值共计损失 17.76 万元，同比下降了 50.57％。2022 年的渔业生产情况比较正常，尽管 6—7 月受到干旱影响，自然灾害和其他灾害有所增加，但病害损失大幅减少，与 2021 年比较，病害产量损失减少了 6 338 千克，经济损失减少 19.02 万元，同比分别下降 41.91％和 52.94％。

（二）养殖特情分析

1. 常规品种价格普遍上升，名优品种价格涨跌互现　水产品价格与产量和市场供求密切相关。从监测价格看，除草鱼外，鲢、鳙和鲫等常规品种价格同比上升。泥鳅、鳜、克氏原螯虾和河蟹等名优品种价格同比上升；黄颡鱼、黄鳝、南美白对虾和中华鳖等名优品种价格同比下降（图 2-15、图 2-16、图 2-17）。

2. 名优水产品养殖产量有所提高，养殖结构调整进一步优化　2022 年名优水产品产量占比有所提高，养殖结构调整更趋优化。从监测点监测数据看，2022 年常规品种的草鱼、鲢、鳙和鲫产量同比下降了 18.58％。名优品种产量同比增加，其中，黄颡鱼、黄鳝和鳜等名优鱼类产量同比上升了 25.39％；克氏原螯虾、南美白对虾和中华鳖等名优品种同比上升了 8.21％。

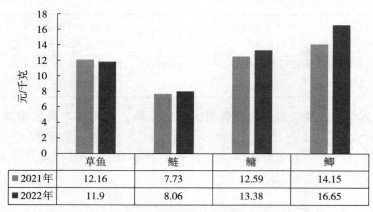

图 2-15　2021、2022 年常规鱼类出塘价格比较（元/千克）

	草鱼	鲢	鳙	鲫
2021年	12.16	7.73	12.59	14.15
2022年	11.9	8.06	13.38	16.65

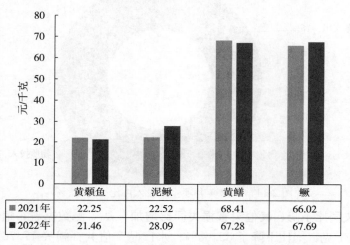

图 2-16　2021、2022 年名优鱼类出塘价格比较（元/千克）

	黄颡鱼	泥鳅	黄鳝	鳜
2021年	22.25	22.52	68.41	66.02
2022年	21.46	28.09	67.28	67.69

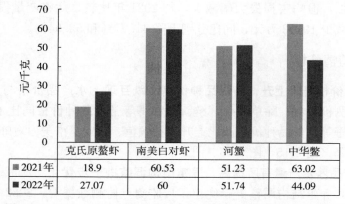

图 2-17　2021、2022 年甲壳类及其他类出塘价格比较（元/千克）

	克氏原螯虾	南美白对虾	河蟹	中华鳖
2021年	18.9	60.53	51.23	63.02
2022年	27.07	60	51.74	44.09

3. 养殖规模大，产量占比高的监测品种受旱灾影响较大　2022 年旱灾严重，部分监测点池塘缺水、水域环境变差、水草生长不佳，水产品产量有所下降，效益受到影响。体

现在部分池塘水产品，如草鱼、河蟹因没有达到理想养殖规格，上市销售价格下降。

二、2023年渔业生产形势预测

2022年渔业生产秩序正常，水产品销售较好，渔业养殖者生产热情得以有效激发，预计2023年渔业生产总体形势较为乐观。也正因如此，建议养殖者要避免由此产生的盲目乐观和过分集中投入，特别是要防止名优品种的过度集中养殖，造成增产不增收情况发生。同时，建议养殖者常年关注市场动态，加强生产管理，做好日常病害防控和防灾减灾等工作。

（湖北省水产技术推广总站）

湖南省养殖渔情分析报告

一、养殖渔情分析

1. 主要指标变动

（1）出塘量和出塘收入同比减少 2022 年，全省采集点淡水产品出塘总量约 4 711.96 吨，同比下降 4.69%。淡水鱼类采集点出塘量 4 388.72 吨，同比下降 4.15%。其中，草鱼出塘量占比超过 50%，出塘量同比增长 8.26%；鲢、鲫、黄鳝等 3 个品种的出塘量同比减少 16.09%、27.90%、39.93%；乌鳢出塘量同比增长 194.86%。淡水甲壳类出塘量 323.24 万吨，同比下降 11.55%。其中，克氏原螯虾出塘量 295.32 吨，同比下降 10.75%。河蟹出塘量 27.92 吨，同比下降 19.21%。

2022 年，全省采集点淡水产品出塘收入约 6 537.92 万元，同比下降 16.45%。其中，淡水鱼类出塘收入 5 424.85 万元。在监测的 8 个品种中，只有黄颡鱼和乌鳢的出塘收入上涨，其余 6 个品种出塘收入均下跌。淡水甲壳类出塘收入 1 113.07 万元。克氏原螯虾和河蟹的出塘收入分别下降 16.69%、13.16%。受综合出塘价格下降的影响，出塘收入下降幅度明显大于出塘量（表 2-26）。

表 2-26　2022 年采集点主要养殖品种出塘量和出塘收入及与 2021 年同期情况对比

品种名称	出塘收入（万元）			出塘量（吨）		
	2021 年	2022 年	增减率（%）	2021 年	2022 年	增减率（%）
一、淡水鱼类	6 504.98	5 424.85	−16.60	4 578.56	4 388.72	−4.15
1. 草鱼	2 814.50	2 689.16	−4.45	2 196.47	2 377.83	8.26
2. 鲢	550.20	369.29	−32.88	813.32	682.43	−16.09
3. 鳙	665.37	631.99	−5.02	458.72	481.67	5.00
4. 鲫	1 252.26	827.91	−33.89	890.23	641.87	−27.90
5. 黄颡鱼	195.04	215.57	10.53	86.95	96.75	11.27
6. 黄鳝	806.59	452.11	−43.94	101.10	60.73	−39.93
7. 鳜	204.38	198.53	−2.86	24.37	25.62	5.13
8. 乌鳢	16.64	40.24	141.75	7.40	21.82	194.86
二、淡水甲壳类	1 320.46	1 113.07	−15.71	365.44	323.24	−11.55
1. 克氏原螯虾	952.61	793.63	−16.69	330.88	295.32	−10.75
2. 河蟹	367.85	319.44	−13.16	34.56	27.92	−19.21

（2）水产品价格整体回落 2022 年全省养殖渔情采集点全年淡水鱼类的塘边综合单价 12.36 元/千克，同比下降 13.02%。在监测的 10 个养殖品种中，除河蟹的塘边综合起水单价同比增长 7.49% 外，其他 9 个淡水养殖品种塘边综合起水单价下降均呈现不同程度的下降。草鱼、鲢、鳙和鲫等大宗淡水鱼全年塘边综合起水单价分别为 11.31 元/千克、5.41 元/千克、13.12 元/千克、12.9 元/千克，同比分别下降了 11.71%、19.97%、

9.52％和 8.32％（表 2-27）。全年来看，除春节前后，大宗淡水鱼月度单价整体上低于 2021 年，特别是在 4—8 月同比 2021 年降幅较为明显。草鱼、鲢出塘均价在 2—3 月达到全年峰值，之后逐月下降；鳙、鲫全年的出塘单价较为稳定，浮动范围小。

表 2-27　2021—2022 年采集点淡水产品综合单价

品种名称	综合单价（元/千克）		
	2021 年	2022 年	增减率（％）
草鱼	12.81	11.31	−11.71
鲢	6.76	5.41	−19.97
鳙	14.50	13.12	−9.52
鲫	14.07	12.90	−8.32
黄颡雨	22.43	22.28	−0.67
黄鳝	79.78	74.45	−6.68
鳜	83.87	77.49	−7.61
乌鳢	22.49	18.44	−18.00
克氏原螯虾	28.79	26.87	−6.67
河蟹	106.44	114.41	7.49

（3）生产投入增幅明显　2022 年全年渔情采集点生产投入 6 015.91 万元，同比 2021 年的 5 214.43 万元增长 15.37％。其中：饲料费 3 372.64 万元，同比增长 23.47％；苗种费 1 278.87 万元，同比减少 3.15％；人力投入 656.38 万元，同比增长 9.30％；塘租费 324.52 万元，同比增长 11.57％；水电费支出 165.26 万元，同比增长 41.40％；防疫费支出 114.95 万元，同比增长 157.24％。饲料费、水电费及防疫费占总投入的份额有所增加；苗种费受投苗量减少（投苗量同比下降 48.67％）的影响，所占份额由 25.32％下降到 21.26％。

2. 特点分析

（1）水产品市场价格受多重影响　疫情导致市场餐饮消费量减少，水产品市场需求减弱，水产品市场价格同比持续走低。同时，夏季以来长时间特大干旱，鱼塘水位下降，水质管理难度增大，鱼病发生率同比增加，养殖户为减少损失，出售积极，致使鱼价下跌。

（2）名特优品种价格较为坚挺　在监测的名特优种类中，黄颡鱼的出塘价格同比基本一致，黄鳝、鳜和克氏原螯虾的降幅在 8％以内。河蟹养殖受市场需求影响，综合出塘价格同比上涨 7.49％。整体来说，名特优水产品价格的下降幅度小于大宗淡水鱼。

（3）养殖成本增加导致生产效益下降　2022 年的各项生产投入中，除苗种投放出现小幅下降以外，其他投入均同比上涨。饲料投入占比高、涨幅大，是拉高养殖成本的主要因素。在出塘收入下降、生产投入上涨的背景下，养殖效益低于上一年同期水平。

（4）灾害风险预警与防范能力弱　2022 年的受灾损失增加受多方原因影响。反复不断的疫情、干旱天气、上半年气温变化频繁、7 月暴雨带来的洪涝灾害及下半年的持续干旱等一系列原因使得水产养殖灾害损失增加。养殖户花费大量人力财力在抗旱工作上，增加了养殖成本，导致部分养殖户投入意愿不强。

二、2023 年养殖渔情预测

1. 市场价格预计恢复性增长 预计 2023 年市场逐步回暖，水产品需求量旺盛，带动水产品价格上涨。随着新冠疫情相关政策的落实，餐饮、旅游业加快复苏，水产品需求量增加，成鱼生产、销售、苗种购销等各环节更为顺畅。预计 2023 水产品出塘量及出塘价格会出现上涨，淡水鱼市场供需两旺。

2. 养殖品种结构进一步优化 在成本增加的压力下，大宗淡水鱼类养殖品种利润空间被挤压，养殖户更加青睐名特优品种健康养殖。同时，国内居民的饮食消费结构也在不断改变。面对大宗淡水鱼量多价低的局面，部分养殖户为了增加生产效益，可能会进一步扩大鲈、河蟹等名特优品种的养殖规模，促使名特优水产品在淡水养殖总量中占比进一步提高。

3. 生产投入继续看涨 预计 2023 年大宗淡水鱼类苗种投放量稳中有升，比较受青睐的名特优品种苗种投放量占比增加。在通货膨胀的影响下，饲料原材料价格持续走高，名特优品种的养殖对苗种、饲料的要求较高，相应的成本会增加。水电、人力等方面的投入受市场环境和相关政策的影响会有小幅增加。

4. 渔业生产持续健康发展 2022 年，全省渔业面对新冠疫情、高温干旱灾害等不利因素，总体能够保持平稳发展，为稳住农业农村基本盘、确保"菜篮子"产品安全供给做出贡献。预计 2023 年，全省会进一步落实支渔惠渔政策，提高风险预警与防范能力，优化区域布局及养殖结构，加强水产品市场供应和价格监测，引导养殖户健康生态养殖，持续开展"五大行动"骨干基地健康养殖和生态养殖，稳步推进全省渔业高质量发展。

（湖南省畜牧水产事务中心）

广东省养殖渔情分析报告

一、采集点设置情况

2022 年，广东省养殖渔情信息采集监测工作继续在珠海、廉江、博罗、东莞、高州、台山、阳春等 7 个市（县、区）13 个监测点开展。养殖模式涉及主养、混养、精养等多种养殖方式，监测品种有草鱼、鲢、鳙、鲫、罗非鱼、黄颡鱼、石斑鱼、南美白对虾（淡水）、青蟹、牡蛎等。

二、养殖渔情分析

根据广东省养殖渔情信息采集监测数据，2022 年全省养殖渔情生产总体态势良好，养殖企业和渔民们生产积极性有所提高，总体的销售量、销售额、销售单价、生产投入同比增长。生产损失总体同比大幅度增加，受损以养殖病害为主。

1. 监测品种销售情况　2022 年，全省水产养殖渔情信息监测品种销售额同比增加 22.62%，销售数量同比增加 26.45%。其中鲢、鲫、罗非鱼、石斑鱼、青蟹等 5 个品种销售额和销售数量同比增加，其中增加幅度最大的是鲫，销售额增加 211.67%，销售数量增加 225.59%；鳙、黄颡鱼、南美白对虾、牡蛎等 4 个品种销售额和销售数量同比减少，其中减少幅度最大的是牡蛎，销售额减少 66.03%、销售数量减少 67.01%；草鱼销售量同比增加，而销售额同比减少，主要是因为酸菜鱼主要原料草鱼被加州鲈、巴沙鱼等鱼替代，市场供过于求，导致价格降低（表 2-28）。

表 2-28　2022 年全省渔情监测品种销售额和销售数量情况及与 2021 年同期对比情况

品种名称	销售额（万元）			销售数量（万千克）		
	2021 年	2022 年	增减率（%）	2021 年	2022 年	增减率（%）
草鱼	608.06	481.99	−20.73	30.18	33.42	10.74
鲢	7.71	9.41	22.05	1.26	1.61	27.78
鳙	73.93	33.55	−54.62	4.02	2.60	−35.32
鲫	4.80	14.96	211.67	0.29	0.95	227.59
罗非鱼	4 318.44	6 966.48	61.32	502.88	777.20	54.55
黄颡鱼	430.76	422.50	−1.92	20.40	19.00	−6.86
石斑鱼	932.00	18 02.00	93.35	14.00	27.00	92.86
南美白对虾	958.58	787.78	−17.82	19.37	16.54	−14.61
青蟹	1 445.60	1 476.67	2.15	6.21	6.35	2.25
牡蛎	1 387.15	471.15	−66.03	136.70	45.10	−67.01

2. 监测品种出塘综合价格涨跌各半　2022 年，罗非鱼、黄颡鱼、石斑鱼、南美白对虾、牡蛎等 5 个品种综合出塘价格同比都有上涨，涨幅在 2.17%～6.52%；草鱼、鲢、鳙、鲫、青蟹等 5 个品种综合出塘价格稍有下跌，跌幅在 0.10%～29.83%（表 2-29）。

表 2-29　全省渔情监测品种综合出塘价格情况

品种名称	综合平均出塘价格（元/千克）		
	2021 年	2022 年	增减率（%）
草鱼	20.15	14.42	−28.44
鲢	6.14	5.85	−4.72
鳙	18.37	12.89	−29.83
鲫	16.45	15.74	−4.32
罗非鱼	8.91	9.13	2.47
黄颡鱼	21	22.37	6.52
石斑鱼	65.01	66.74	2.66
南美白对虾	49.84	50.92	2.17
青蟹	232.64	232.4	−0.10
牡蛎	10.15	10.45	2.96

3. 养殖生产投入同比有所增加　2022 年，全省渔情监测采集点生产投入 10 918.15 万元，同比增加 35.90%，其中：物质投入 9 970.48 万元，同比增加 41.11%，占生产投入 91.32%；服务支出 358.39 万元，同比减少 0.45%，占生产投入 3.28%；人力投入 589.28 万元，同比减少 3.12%，占生产投入 5.40%（表 2-30）。

表 2-30　全省渔情监测品种生产投入情况

指标	金额（万元）		
	2021 年	2022 年	增减率（%）
生产投入	8 033.82	10 918.15	35.90
（一）物质投入	7 065.57	9 970.48	41.11
1. 苗种投放	865.12	821.94	−4.99
投苗情况	720.84	718.70	−0.30
投种情况	144.28	103.25	−28.44
2. 饲料费	4 906.71	7 930.21	61.62
原料性饲料	649.75	528.74	−18.62
配合饲料	4 256.97	7 401.47	73.87
3. 燃料费	3.22	2.67	−17.25
柴油	1.31	1.17	−11.12
其他	1.91	1.50	−21.46
4. 塘租费	1 176.19	1 155.00	−1.80
5. 固定资产折旧费	25.78	16.54	−35.86
6. 其他物质投入	88.54	44.12	−50.17
（二）服务支出	360.00	358.39	−0.45
1. 电费	191.35	194.77	1.79

（续）

指标	金额（万元）		
	2021 年	2022 年	增减率（%）
2. 水费	4.07	4.26	4.81
3. 防疫费	111.52	113.85	2.09
4. 保险费	0.25	0.00	−100.00
5. 其他服务支出	52.81	45.50	−13.84
（三）人力投入	608.25	589.28	−3.12
1. 雇工	102.47	88.25	−13.88
2. 本户（单位）人员	505.78	595.23	17.69

4. 生产损失同比大幅度增加　2022 年全省养殖渔情监测采集点水产养殖灾害多发，灾害造成经济损失 95.10 万元，同比增加 148.76%，其中以养殖病害经济损失为主，受灾经济损失 84.14 万元，同比增加 155.98%，自然灾害造成的经济损失只有 1 万元，同比减少 13.79%，其他灾害造成的经济损失 9.96 万元，同比增加 137.14%（表 2-31）。

表 2-31　全省渔情监测品种生产损失情况

损失种类	金额（万元）		
	2021 年	2022 年	增减率（%）
受灾损失	38.23	95.10	148.76
1. 病害	32.87	84.14	155.98
2. 自然灾害	1.16	1.00	−13.79
3. 其他灾害	4.20	9.96	137.14

二、特点和特情分析

（1）水产品交易稳中有增，销售量同比增加，价格涨幅各半。一是大宗淡水鱼类销售量同比稳中有增，市场供过于求导致鱼价格长期处于低迷状态；二是随着消费水平的提高，人们对名优水产品的需求与日俱增，名优鱼类销售量价格同时都有上涨。三是预制菜产业的发展，带动水产品销量。

（2）水产养殖最大的生产投入就是饲料，占生产投入的 72.63%。目前，国际市场上，像豆粕、淀粉、玉米等大宗原材料价格还没有出现下跌趋势，饲料价格将长时间处于历史高位，而且许多饲料企业将化解原材料价格上涨的方法集中在替代，即便不涨价而饲料的质量却大幅度下降了，导致水产养殖鱼生长发育得不到充足均衡的营养，其生长速度和繁殖力乃至免疫力、抗病力就会大幅下降，给养殖户带来一定的经济损失。

（3）水产品受灾损失比 2021 年同期大幅度增加，2022 年没有特大的自然灾害，以常见养殖病害为主。病害主要集中在鱼类出血病、烂鳃病、肠炎病、细菌性败血症、溃疡病、车轮虫、指环虫、链球菌病、对虾偷死病和红体病等病害上。

三、2023 年养殖渔情走势预测

随着疫情防控全面放开，在经济利益和市场供求驱动下，预计 2023 年包括渔情采集点在内的全省水产养殖经济形势将会保持稳定发展趋势，各项经济指标也将稳定增长，呈现全面增产增收局面。

（广东省农业技术推广中心）

广西壮族自治区养殖渔情分析报告

一、采集点基本情况

2022 年，广西在宾阳县、大化县、东兴市、港北区、桂平市、合浦县、临桂区、宁明县、钦州市、铁山港区、上林县、覃塘区、藤县、兴宾区、玉州区和宾阳县等 15 个市（区、县）设置了 35 个采集点，覆盖沿海地区和内陆主要养殖地区。监测品种共 10 个，其中淡水养殖品种 6 个（草鱼、鲢、鳙、鲫、罗非鱼、鳖），海水主要养殖品种 4 个（卵形鲳鲹、南美白对虾、牡蛎、蛤）。养殖方式包括淡水池塘、海水池塘、深水网箱、筏式、底播等。

二、养殖渔情分析

1. 出塘量和销售额总体增加 2022 年，广西全区采集点水产品出塘总量 5 222.47 吨，同比增加 97.12%；销售总额 15 768.04 万元，同比增加 197.46%。

（1）淡水鱼类 2022 年，广西全区采集点淡水鱼类出塘量 941.88 吨，同比增加 13.61%；销售额 1 341.58 万元，同比增加 3.29%。

（2）海水鱼类 广西的海水养殖以深水抗风浪网箱养殖卵形鲳鲹为主，随着广西向海经济的发展，投放深水网箱的规模进一步扩大，2022 年卵形鲳鲹出塘量 2 690.00 吨，同比增长 166.34%；销售额 6 865.20 万元，同比增长 291.49%。

（3）海水虾蟹类 广西海水虾蟹类主要是南美白对虾，2022 年南美白对虾出塘量 1 308.00 吨，同比增长 178.48%；销售额 7 082.00 万元，同比增长 396.19%。

（4）海水贝类 广西海水贝类主要代表品种是牡蛎和蛤。从 2020 年开始受铁山港区和廉州湾海区养殖规划的发布和蚝排清理的影响，广西牡蛎养殖面积每年均有减少，2022 牡蛎出塘量仅为 254.89 吨，同比减少 10.88%；销售额为 167.32 万元，同比减少 38.63%。2022 年蛤的出塘量仅为 2.06 吨，减幅 82.98%；销售额 4.73 万元，减幅 81.81%（表 2-32）。

表 2-32 2022 年监测点出塘量和销售额情况及与 2021 年同期情况对比

品种名称	销售额（万元）			出塘量（吨）		
	2021 年	2022 年	增减率（%）	2021 年	2022 年	增减率（%）
淡水鱼类	1 298.90	1 341.58	3.29	829.04	941.88	13.61
草鱼	99.35	175.75	76.9	68.82	137.39	99.64
鲢	12.57	10.64	−15.35	17.38	14.95	−13.98
鳙	26.60	10.73	−59.66	28.25	9.76	−65.45
鲫	985.00	954.11	−3.14	551.54	599.88	8.76
罗非鱼	175.38	190.35	8.54	163.05	179.90	10.33

（续）

品种名称	销售额（万元）			出塘量（吨）		
	2021 年	2022 年	增减率（％）	2021 年	2022 年	增减率（％）
淡水其他	522.55	307.21	−41.21	42.57	25.64	−39.77
鳖	522.55	307.21	−41.21	42.57	25.64	−39.77
海水鱼类	1 753.60	6 865.20	291.49	1 010.00	2 690.00	166.34
卵形鲳鲹	1 753.60	6 865.20	291.49	1 010.00	2 690.00	166.34
海水虾蟹类	1 427.29	7 082.00	396.19	469.70	1 308.00	178.48
南美白对虾（海水）	1 427.29	7 082.00	396.19	469.70	1 308.00	178.48
海水贝类	298.63	172.05	−42.39	298.10	256.95	−13.80
牡蛎	272.63	167.32	−38.63	286.00	254.89	−10.88
蛤	26.00	4.73	−81.81	12.10	2.06	−82.98

2. 出塘价格呈淡水鱼类下降、海水鱼虾贝类上升的趋势 淡水鱼类除鳙价格上涨外，各淡水鱼品种的价格均有下降，鳙综合单价为 10.99 元/千克，比 2021 年上涨 1.57 元/千克，鲫、草鱼、鲢、罗非鱼综合单价分别比 2021 年下降 1.95 元/千克、1.65 元/千克和 0.11 元/千克；从 2020 年开始，鳖的价格持续回落，2022 年鳖综合单价 119.82 元/千克，同比下降 2.93 元/千克。海水鱼虾贝类除牡蛎综合单价下降外，其他品种均有不同程度的上涨，其中，卵形鲳鲹综合单价为 25.52 元/千克，同比增长 47.00％；南美白对虾综合单价为 54.14 元/千克，同比增长 78.15％；蛤的价格稳中有升，综合单价为 22.96 元/千克，同比增长 6.84％；牡蛎综合单价为 6.56 元/千克，同比减少 31.16％。

3. 养殖生产投入同比有所增加 2022 年，养殖渔情监测采集点生产投入 9 940.24 万元，同比增加 104.68％。其中，苗种费 1 248.98 万元，同比减少 4.31％，占生产投入的 12.56％；饲料费 6 535.80 万元，同比增加 190.12％，占生产投入的 65.75％；燃料费 117.59 万元，同比增长 64.81％，占生产投入的 1.18％；塘租费 380.70 万元，同比增长 33.08％，占生产投入的 3.83％；固定资产折旧 168.28 万元，同比增加 15.83％，占生产投入的 1.69％；水电、防疫和保险等服务支出费 388.04 万元，同比增加 163.37％，占生产投入的 3.90％；人力投入 1 025.04 万元，同比增加 60.67％，占生产投入的 10.31％（表 2-33）。

表 2-33　2022 年养殖渔情采集点生产投入情况及与 2021 年同期情况对比

指标	金额（万元）		
	2021 年	2022 年	增减率（％）
生产投入	4 856.41	9 940.24	104.68
（一）物质投入	4 071.10	8 527.15	109.46
1. 苗种投放	1 305.28	1 248.98	−4.31
投苗情况	1 164.74	1 159.28	−0.47
投种情况	140.54	89.70	−36.17

（续）

指标	金额（万元）		
	2021 年	2022 年	增减率（%）
2. 饲料费	2 252.78	6 535.80	190.12
原料性饲料	1 158.22	3 005.66	159.51
配合饲料	1 092.28	3 529.56	223.14
其他饲料	2.28	0.58	−74.56
3. 燃料费	71.35	117.59	64.81
柴油	70.58	117.59	66.62
其他燃料	0.78	0.00	−100.00
4. 塘租费	286.06	380.70	33.08
5. 固定资产折旧费	145.29	168.28	15.82
6. 其他物质投入	10.34	75.80	633.08
（二）服务支出	147.34	388.04	163.36
1. 电费	94.51	244.04	158.22
2. 水费	5.23	99.07	1 794.26
3. 防疫费	31.59	31.41	−0.57
4. 保险费	0.40	0.00	−100.00
5. 其他服务支出	15.61	13.52	−13.39
（三）人力投入	637.97	1 025.04	60.67
1. 雇工	282.33	393.61	39.41
2. 本户（单位）人员	355.64	631.43	77.55

4. 受灾损失大幅增加　2022 年养殖渔情监测点灾害造成损失 118.89 万元，同比增加 1 414.52%。其中，以自然灾害损失为主，受灾经济损失 111.84 万元，同比增加 3 981.75%；病害经济损失 4.15 万元，同比减少 10.17%；其他灾害造成的经济损失 2.90 万元，同比增加 491.84%（表 2-34）。

表 2-34　2022 年养殖渔情监测点受灾损失情况及与 2021 年同期情况对比

损失种类	金额（万元）		
	2021 年	2022 年	增减率（%）
受灾损失	7.85	118.89	1 414.52
1. 病害	4.62	4.15	−10.17
2. 自然灾害	2.74	111.84	3 981.75
3. 其他灾害	0.49	2.90	491.84

三、特点和特情分析

1. 生产投入与产出　2022 年年底，全国疫情防控政策逐步放开，水产品市场开始活跃，水产品交易大幅提升，餐饮、物流等消费市场回归正规，养殖户可以投入与产出不再受到疫情限制。这就形成了 2022 年生产投入与产出均成倍增长的现象。

2. 水产品价格 2022 年广西淡水鱼价格回落，淡水鱼类综合单价 15.12 元/千克，同比下降 3.51%，原因是疫情结束后，养殖户可以大量出塘淡水鱼，导致市场供过于求，淡水鱼价格下滑。

3. 受灾情况 2022 年广西多地发布干旱橙色或红色预警，气象干旱范围加大、程度加重。受气候干旱的影响，养殖水体不易调节，易诱发鱼类病害，导致鱼类大量死亡。此外，在疫情防控期间，有的地方由于长时间的封控，养殖成本上涨、运输车滞运、水产品滞销等原因，也是造成水产养殖行业严重亏损的原因。

四、2023 年养殖渔情预测

从市场需求方面分析，2022 年疫情结束后，水产养殖业逐步回归正轨，新冠疫情防控期间存塘品种将会大量出塘。2023 年养殖户可以正常投入与产出，市场供应充足，但饲料价格和质量不明朗，而养殖水产品总体价格上升的可能性较低，预计 2023 年大部分水产品的养殖利润将会缩减。

（广西壮族自治区水产技术推广站）

海南省养殖渔情分析报告

一、采集点基本情况

1. 采集区域和采集点 2022 年，海南省养殖渔情信息采集区域分布在全省 14 个市（县），分别是文昌市、琼海市、儋州市、临高县、定安县、屯昌县、琼中县、万宁市、海口市、乐东县、澄迈县、保亭县、白沙县和陵水县，全省渔情信息采集点共有 27 个，相比 2021 年减少 1 个采集点。

2. 主要采集品种和养殖方式 2022 年，主要采集品种有海水鱼类（卵形鲳鲹、石斑鱼）、虾蟹类〔南美白对虾（海水）、青蟹〕、大宗淡水鱼类（鲢、鳙、鲫）、淡水名特优鱼类（罗非鱼）。养殖方式以池塘养殖和网箱养殖为主。

3. 采集点产量和面积 2022 年，27 个采集点养殖面积和出塘量：海水池塘养殖面积为 1 150.05 亩，出塘量 3 740.03 吨；淡水池塘养殖面积 3 325.95 亩，出塘量 6 302.70吨，其中深水网箱养殖水体为 126.81 万米³，出塘量为 3 550.00 吨。

二、养殖渔情分析

1. 2022 年水产品出塘量同比下降 2022 年，27 个采集点出塘量为 10 042.73 吨，较2021 年减少 23.61%。其中，海水养殖鱼类石斑鱼出塘量是 66.30 吨，同比减幅为7.92%；卵形鲳鲹出塘量为 3 550.00 吨，同比减幅为 41.65%。大宗淡水鱼类的鳙、鲢和鲫出塘量同比均减少，减幅分别为 75.16%、66.46% 和 44.09%；淡水名特优鱼类罗非鱼出塘量同比减少 7.34%。南美白对虾（海水）出塘量同比增幅为 16.14%，海水池塘养殖青蟹的出塘量同比有所减少，减幅为 18.09%（表 2-35）。

表 2-35 2022 年与 2021 年同期采集点成鱼（鱼、虾、蟹）出塘量及对比情况

养殖品种	出塘量（吨）		
	2022 年	2021 年	增减率（%）
石斑鱼、卵形鲳鲹	3 616.30	6 155.58	−41.25
鲢、鳙、鲫	25.42	88.38	−71.24
罗非鱼	6 277.28	6 774.59	−7.34
南美白对虾（海水）	65.18	56.12	16.14
青蟹	58.55	71.48	−18.09

2. 2022 年水产品销售收入同比下降 2022 年，全省采集点水产品销售收入为16 160.42万元，同比下降 2 848.15 万元，减幅 14.98%。其中，海水鱼类的石斑鱼和卵形鲳鲹 2022 年的销售收入 9 626.26 万元，同比减少 17.91%；青蟹销售收入同比下降30.94%、南美白对虾（海水）销售收入同比增长 41.72%。大宗淡水鱼类的鲢、鳙、鲫销售收入为 26.90 万元，同比下降 62.85%；淡水名特优鱼类罗非鱼销售收入同比下降

8.97％（表 2-36）。

表 2-36 2022 年与 2021 年同期采集点成鱼（鱼、虾、蟹）销售收入及对比情况

品种	销售收入（万元）		
	2022 年	2021 年	增减率（％）
石斑鱼、卵形鲳鲹	9 626.26	11 726.95	−17.91
南美白对虾（海水）	442.78	312.44	41.72
青蟹	672.31	973.55	−30.94
鲢、鳙、鲫	26.90	72.40	−62.85
罗非鱼	5 392.17	5 923.23	−8.97

3. 综合平均出塘单价涨跌趋势 如表 2-37 所示，鳙、鲢、鲫、石斑鱼、卵形鲳鲹和南美白对虾（海水）综合平均出塘单价均呈现上涨趋势，而罗非鱼和青蟹呈现下降趋势。其中，石斑鱼综合平均出塘单价为 51.47 元/千克，同比上涨 81.23％；卵形鲳鲹综合平均出塘单价为 26.15 元/千克，同比上涨 38.07％；南美白对虾（海水）综合平均出塘单价为 97.93 元/千克，同比上涨 75.91％。淡水养殖罗非鱼综合平均出塘单价 8.59 元/千克，同比下跌 1.72％；青蟹综合平均出塘单价 114.83 元/千克，同比下跌 15.69％。

表 3-27 2022 年与 2021 年同期各采集点水产品综合平均出塘单价及对比情况

品种名称	综合平均出塘单价（单位：元/千克）		
	2022 年	2021 年	增减率（％）
鲢	8.77	6.47	35.55
鳙	9.89	8.04	23.01
鲫	20.00	18.74	6.72
罗非鱼	8.59	8.74	−1.72
石斑鱼	51.47	28.40	81.23
卵形鲳鲹	26.15	18.94	38.07
南美白对虾（海水）	97.93	55.67	75.91
青蟹	114.83	136.20	−15.69

4. 养殖生产投入 2022 年，全省养殖渔情信息采集生产总投入 14 363.67 万元，同比减少 46.39％。其中饲料费 11 309.36 万元，占生产投入的 78.74％，同比减少 47.07％；苗种费 1 016.71 万元，占生产投入的 7.08％，同比减少 62.81％；燃料费 189.51 万元，占生产投入的 1.32％；塘租费 505.88 万元，占生产投入的 3.52％；人力费 913.91 万元，占生产投入的 6.36％，同比减少 40.13％（表 2-38）。

表 2-38 2022 年养殖渔情监测品种生产投入及与 2021 年同期对比情况

项目	金额（万元）		
	2022 年	2021 年	增减率（％）
生产投入	14 363.67	26 791.51	−46.39

（续）

项目	金额（万元）		
	2022 年	2021 年	增减率（%）
（一）物质投入	13 131.58	24 817.59	−47.09
1. 苗种费	1 016.71	2 733.54	−62.81
投苗情况	1 015.89	2 733.54	−62.84
投种情况	0.82	0.00	0.00
2. 饲料费	11 309.36	21 366.39	−47.07
原料性饲料	372.88	592.39	−37.05
配合饲料	10 936.39	20 774.00	−47.36
其他饲料	0.09	0.00	0.00
3. 燃料费	189.51	261.23	−27.45
4. 塘租费	505.88	278.47	81.66
5. 固定资产折旧费	105.78	171.71	−38.40
6. 其他物质投入	4.34	6.24	−30.45
（二）服务支出	318.18	447.35	−28.87
1. 电费	264.57	317.53	−16.68
2. 水费	6.78	7.53	−9.96
3. 防疫费	30.52	57.27	−46.71
4. 保险费	1.92	3.1	−38.06
5. 其他服务支出	14.39	61.89	−76.75
（三）人力投入	913.91	1 526.55	−40.13
1. 雇工	457.13	476.64	−4.09
2. 本户（单位）人员	456.78	1 049.91	−56.49

5. 2022 年生产损失下降　2022 年养殖渔情信息采集点受灾损失 117.78 万元，同比下降 98.89%。损失类型主要分为病害和自然灾害两个方面。其中，病害损失 85.78 万元；自然灾害损失 32.00 万元（表 2-39）。

表 2-39　2022 年养殖渔情监测品种生产损失及与 2021 年同期对比情况

	金额（万元）		
	2022 年	2021 年	增减率（%）
受灾损失	117.78	10 569.59	−98.89
1. 病害	85.78	7 312.59	−98.83
2. 自然灾害	32.00	3 257	−99.02
3. 其他灾害	0.00	0.00	0.00

三、2023 年养殖渔情预测

（1）根据养殖渔情信息采集数据和渔业实际生产情况，2022 年全省受到新冠疫情影响，养殖生产投入和水产品出塘量均出现了下降。随着疫情防控政策优化调整，预计 2023 年全省养殖发展会稳中有升。

（2）随着经济复苏，全省旅游业的回暖，预计 2023 年水产品市场需求将会明显好于 2022 年，水产品养殖密度和养殖规模都会不断增加，预计 2023 年养殖水产品平均出塘价格会逐渐趋于稳定，但是养殖病害损失会增加。因此，2023 年建议广大养殖户加强养殖病害预防，降低养殖密度，确保养殖效益。

（海南省海洋与渔业科学院）

四川省养殖渔情分析报告

　　2022 年，四川省在安岳、安州、富顺、东坡、彭州、仁寿 6 个市（区、县）共设置 27 个养殖渔情信息采集点，采集面积 3 943 亩，采集品种包括草鱼、鲢、鳙、鲤、鲫、黄颡鱼、加州鲈、泥鳅、鲑鳟。现将 2022 年四川省养殖渔情分析如下。

一、出塘情况

　　1. 出塘量与销售额　2022 年采集点出塘总量 1 070.1 吨，销售总额 2 297.91 万元，比 2021 年出塘量和销售额分别减少 12.15％、11.73％。其中鲫增幅最大，出塘量和销售额增幅分别达 345.15％、221.74％；加州鲈降幅最大，出塘量减少 82.1％、销售额减少 82.88％；其余品种出塘量和销售额均有不同程度下降（图 2-18 和图 2-19）。

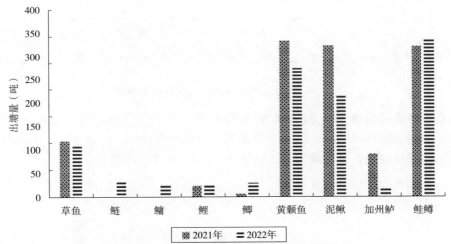

图 2-18　2021—2022 年不同品种出塘量对比图

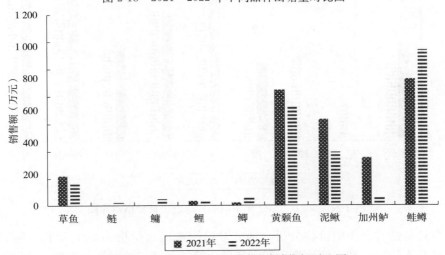

图 2-19　2021—2022 年不同品种销售额对比图

2. 出塘价格 从 2021—2022 年综合出塘价格走势图（图 2-20）可以看出，2021 年综合出塘价格由 1 月逐渐升高，然后 6 月达到最高点，随后出现缓慢下降，出塘价格年末基本和年初持平，分别为 18.99 元、18.96 元。2022 年 1 月出现价格上涨，随后稳定波动，全年低点为 6 月与 9 月，出塘价格分别为 18.84 元/千克、19.05 元/千克，其他时间均保持在稳定水平（图 2-20）。

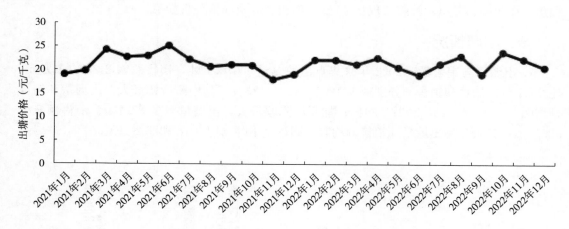

图 2-20 2021—2022 年综合出塘价格走势图

从采集点各品种出塘价格分析，除鲢与鳙由于 2021 年无数据进行对比外，只有鲑鳟、黄颡鱼 2022 年出塘价格同比 2021 年有所提高，分别增加 17.4%、4.9%，其余品种出塘价格均有不同程度降低，其中鲫出塘价格降幅达 27.7%（图 2-21）。

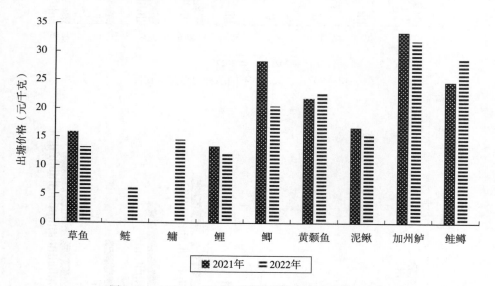

图 2-21 2021—2022 年不同品种综合出塘价格对比图

从采集点各品种月出塘价格分析（部分月份因未出塘价格为 0），草鱼、鲢、鳙、泥鳅出塘价格基本持平；鲤出塘价格年初上涨后，第二和第三季度处于高位，随后第四季度出现下降；鲫在 6 月价格最低，为 14.57 元/千克，其余月份均处于高位运行，最高时达 25.42 元/千克；黄颡鱼出塘价格由年初开始上涨，随后逐渐降低；加州鲈出塘价格为全年波动最大，最低价和最高价相差达 82%；鲑鳟全年出塘价基本由年初缓慢上涨，年初为 26.92 元/千克，年末为 38.54 元/千克（图 2-22）。

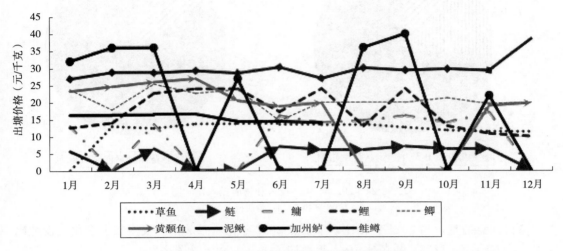

图 2-22　2022 年各品种月出塘价格走势图表

二、生产投入

每年 5—10 月是生产旺季，生产投入（饲料、苗种）明显增加；另外可以明显看到 2022 年度生产投入有一定幅度的下降，2021 年生产投入为 2 482.5 万元，2022 年生产投入为 2 034.43 万元，同比下降 18.05%（图 2-23）。

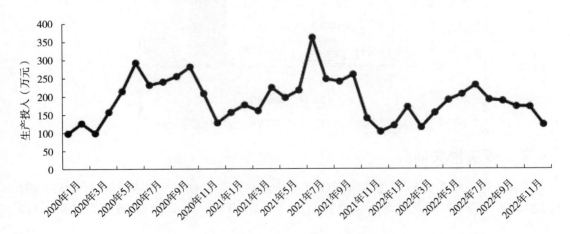

图 2-23　近三年生产性投入走势图

采集点 2022 年生产总投入 2 034.43 万元，主要分为物质投入、服务支出、人力投入，其中物质投入占 72.97%（饲料占 84.25%，苗种占 11.18%，塘租占 4.15%，其他

0.42%）；人力投入占 15.38％，服务支出占 11.65％（图 2-24）。

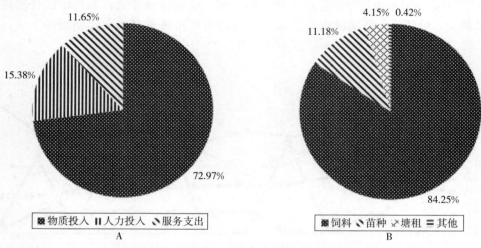

图 2-24　2022 年生产投入和物质投入饼状图
A. 生产投入　B. 物质投入

值得注意的是，与 2021 年相比，采集点 2022 年苗种投放情况发生较大变化，投种比 2021 年下降了 77.17％，投苗比 2021 年增加了 1 360.39％（图 2-25）。

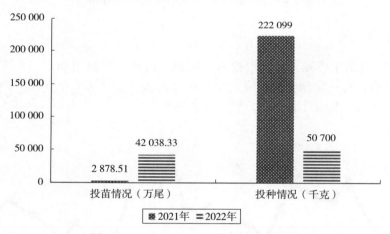

图 2-25　2021—2022 年苗种投放对比图

三、受灾损失情况

采集点近三年受灾损失总体呈现逐年上升趋势，受灾损失主要集中在每年 7—9 月（雨水较多）。2022 年采集点受灾损失共计 252.86 万元，比 2021 年增加 59.78％（图 2-26）。

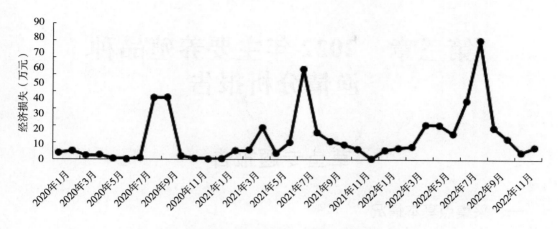

图2-26 近三年受灾损失情况走势图

四、生产形势分析

1. 成本效益分析 2022年采集点出塘总量1070.1吨，销售总额2297.91万元，生产总投入2034.43万元，亩年均净利润为668元（因个别鱼生长期为2年或更久，存塘鱼无法核算，实际纯利润应更高），比2021年降低45.8%。

2. 出塘价格和生产投入变化分析 2022年1月出现价格上涨，随后稳定波动，全年低点为6月与9月，全年基本保持在稳定水平。为扩大养殖效益，养殖户倾向于投放低成本鱼苗，全年鱼苗投放量比2021年增加1360.39%；全年生产投入和出塘量均较2021年有明显减少，生产形势有所回落。

3. 2023年出塘价格及生产形势预测 2022年5—7月苗种投放量多，9—10月秋苗补投数量也处于高位，年底出塘价格和出塘量平稳运行。预计2023年上半年出塘量有所提升，综合出塘价格总体维持稳定，市场行情持续平稳。就品种而言，四大家鱼、鲤、鲫的价格预计2023年第一季度有所回升；加州鲈存塘量少，但由于夏花投放较多，预计2023年出塘量较大，价格会持续波动；鲤、黄颡鱼、泥鳅、鲑鳟价格会有一定波动，但总体维持稳定。

（四川省水产局）

第三章　2022年主要养殖品种渔情分析报告

草鱼专题报告

一、采集点基本情况

2022年，全国水产技术推广总站在湖北、广东、湖南等15个省份开展了草鱼渔情信息采集工作，共设置采集点110个。采集点共投放了价值2 774.45万元的苗种，累计生产投入58 477.16万元；出塘量16 375 282千克，销售额17 814.53万元；全国草鱼出塘均价10.88元/千克；采集点养殖方式主要以池塘套养为主。

二、2022年生产形势分析

1. 生产投入情况　2022年，全国采集点累计生产投入58 477.16万元，同比上升150.21%。其中，物质投入56 645.40万元，同比上升170.70%；服务支出821.30万元，同比下降34.16%；人力投入1 010.46万元，同比下降14.95%。各项投入情况及与2021年的对比情况见表3-1。

表3-1　2022年全国草鱼生产投入情况及与2021年同期情况对比

项目	金额（万元）		
	2021年	2022年	增减率（%）
生产投入	23 360.93	58 477.16	150.32
一、物质投入	20 925.55	56 645.40	170.70
1. 苗种费	4 443.74	2 774.45	−37.56
2. 饲料费	14 780.64	52 307.99	253.90
3. 燃料费	11.52	14.41	25.09
4. 塘租费	1 281.27	1 126.32	−12.09
5. 固定资产折旧费	376.66	401.56	6.61
6. 其他物质投入	31.72	20.67	−34.84
二、服务支出	1 247.35	821.30	−34.16
1. 电费	534.20	446.52	−16.41
2. 水费	28.52	18.08	−36.61
3. 防疫费	631.37	313.55	−50.34
4. 保险费	3.80	6.48	70.53
5. 其他服务支出	49.46	36.67	−25.86

（续）

项目	金额（万元）		
	2021 年	2022 年	增减率（％）
三、人力投入	1 188.03	1 010.46	−14.95
1. 本户（单位）人员费用	530.20	533.24	0.57
2. 雇工费用	657.83	477.22	−27.46

2022 年全国采集点草鱼生产投入中，物质投入占比 96.87％，服务支出占比 1.40％，人力投入占比 1.73％（图 3-1）。各项具体占比见图 3-2、图 3-3、图 3-4。

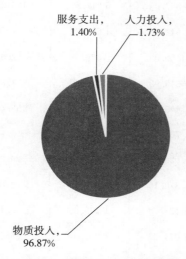

图 3-1 2022 年全国草鱼生产投入占比情况

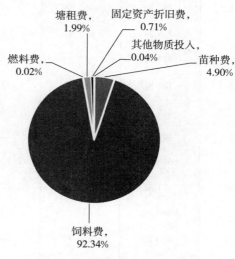

图 3-2 2022 年全国草鱼物质投入占比情况

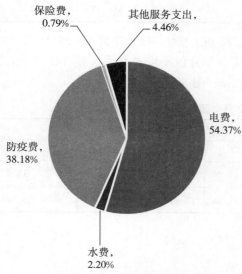

图 3-3 2022 年全国草鱼服务支出占比情况

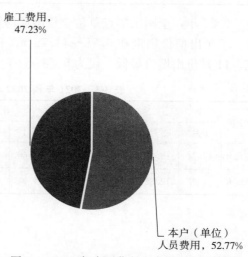

图 3-4 2022 年全国草鱼人力投入占比情况

2. 产量、收入及价格情况 2022 年，全国采集点草鱼全年出塘量 16 375 282 千克，同比下降 5.44%；销售额 17 814.53 万元，同比下降 33.13%。草鱼出塘高峰期主要集中在 1 月、2 月、5 月、9 月、11 月和 12 月，出塘淡季集中在 3 月、4 月、6 月、7 月和 8 月，其中 1 月份出塘量最大，达 3 533 982 千克，同比上升 90.13%，销售额 5 212.89 万元，同比上升 120.23%（表 3-2）。

表 3-2 2022 年 1—12 月全国草鱼出塘量和销售额及与 2021 年同期情况对比

月份	出塘量（千克）			销售额（万元）		
	2021 年	2022 年	增减率（%）	2021 年	2022 年	增减率（%）
1	1 858 687	3 533 982	90.13	2 367.06	5 212.89	120.23
2	1 395 344	1 301 046	−6.76	1 942.26	1 607.78	−17.22
3	774 008	314 909	−59.32	1 150.08	429.68	−62.64
4	185 838	394 265	112.16	345.98	525.40	51.86
5	226 699	1 096 479	383.67	445.77	1 308.28	193.49
6	399 553	224 990	−43.69	755.71	302.87	−59.92
7	580 029	645 902	11.36	1 026.94	812.69	−20.86
8	571 621	731 984	28.05	878.15	903.20	2.85
9	2 240 325	2 561 295	14.33	4 183.79	1 709.86	−59.13
10	4 360 967	865 925	−80.14	7 074.27	1 041.07	−85.28
11	2 288 700	3 111 365	35.94	3 137.44	2 063.07	−34.24
12	2 419 910	1 593 140	−34.17	3 332.62	1 897.74	−43.06
合计	17 301 681	16 375 282	−5.35	26 640.07	17 814.53	−33.13

2022 年，全国采集点草鱼全年出塘均价达 10.88 元/千克，同比下降 29.87%。1—12 月，草鱼出塘价稳定在 5.78～14.75 元/千克，其中 1 月份出塘价最高，达 14.75 元/千克，11 月份出塘价最低，仅为 5.78 元/千克（表 3-3、图 3-5）。

表 3-3 2021 年和 2022 年 1—12 月全国草鱼出塘价格

年份	出塘价（元/千克）											
	1 月	2 月	3 月	4 月	5 月	6 月	7 月	8 月	9 月	10 月	11 月	12 月
2021 年	12.74	13.92	14.86	18.62	19.66	18.91	17.71	15.36	18.67	16.22	13.71	13.77
2022 年	14.75	12.36	13.64	13.33	11.93	13.46	12.58	12.34	6.68	12.02	5.78	11.91

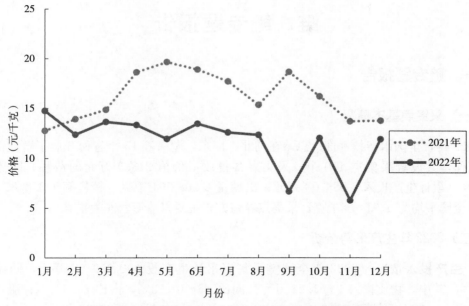

图 3-5 2021 年和 2022 年 1—12 月全国草鱼出塘价格走势

三、结果分析

1. 生产投入分析 2022 年草鱼各项生产投入，大部分呈下降趋势，但生产总投入上升，主要原因是受大宗商品涨价影响，饲料费用、燃料费不同程度上升，特别是饲料费增长幅度大，带动全年生产投入增加。人力服务方面，受疫情、雇工成本上升的影响，整体雇工量减少，费用降低，本户（单位）人员则相对稳定。

2. 产量、收入及价格分析 一是去年草鱼价格高，部分养殖户加大投入，2022 年受新冠疫情的影响，市场草鱼需求量低于预期，供需不平衡，整体压低了草鱼价格；二是全年草鱼价格偏低，部分采集点压塘量增加，出塘时间延迟，造成部分月份草鱼出塘量波动。

四、2023 年生产形势思考

根据 2022 年草鱼养殖的生产投入、出塘量、总销售额的变化情况判断，虽然大宗商品价格短期难以回落，随着疫情形势转变，消费市场持续转好，预计 2023 年草鱼养殖规模会有小幅上升，苗种、成鱼的市场供需逐渐稳定，2023 年草鱼价格预计小幅上升。

2023 年草鱼生产形势，有以下几点思考：一是减少饵料成本，合理补充投喂植黑麦草、小米草和苏丹草等作为天然饵料，降低饲料成本，提高生产效益，减少病害发生频率。二是转变养殖模式，鼓励转变池塘养殖模式，采用生态高效养殖模式、设施渔业等，提高草鱼品质，更好地满足市场对优质优价草鱼的需求。三是发展草鱼加工业。草鱼加工利用率低、产品种类少，以初加工为主，缺乏高附加值产品，加工技术、设备仍需进一步优化、提高。

（程咸立）

鲢、鳙专题报告

一、鲢专题报告

（一）采集点基本情况

2022 年，全国水产技术推广总站在湖北、广东、湖南等 15 个省份开展了鲢渔情信息采集工作，共设置采集点 110 个。采集点共投放了价值 213.3 万元的苗种，同比下降 49.54%，累计生产投入 2 059.08 万元；出塘量 2 268 594 千克，销售额 1 340.85 万元；出塘价全国平均为 5.91 元/千克；采集点养殖方式主要以池塘套养为主。

（二）2022 年生产形势分析

1. 生产投入情况 2022 年全国鲢采集点累计生产投入 2 059.08 万元，同比下降 13.58%。其中，物质投入 1 561.21 万元，同比下降 10.12%，占比 75.82%，；服务支出 210.9 万元，同比下降 10.12%，占比 10.24%；人力投入 286.97 万元，同比下降 33.84%，占比 13.94%（图 3-6）。在物质投入中，苗种投入 213.3 万元，占比 13.66%；饲料投入 1 126.32 万元，占比 72.14%；燃料费 8.97 万元，占比 0.57%；塘租费 166.58 万元，占比 10.67%；固定资产折旧费 45.49 万元，占比 2.91%；其他物质投入 0.55 万元，占比 0.04%（图 3-7）。在服务支出中，电费 157.24 万元，占比 74.56%；水费 5.36 万元，占比 2.54%；防疫费 35.02 万元，占比 16.61%；保险费 0.42 万元，占比 0.2%；其他服务支出 12.86 万元，占比 6.1%。人力投入中，雇工费 141.77 万元，占比 49.4%；本户人员费用 145.2 万元，占比 50.6%。

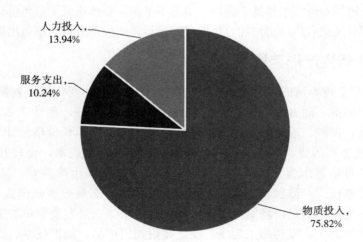

图 3-6 2022 年全国鲢生产投入占比情况

从以上数据分析可知，一是在生产投入中，物质投入占比最大，达到 75.82%；其次是人力投入，占比 13.94%，两项合计占全部生产投入的 89.76%。二是在物质投入中，

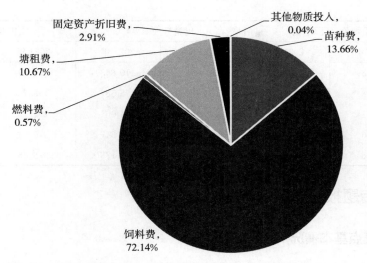

图 3-7 2022年全国鲢物质投入占比情况

饲料费占比最大，达到 72.14％；其次是苗种费，占比 13.66％，两项合计占全部物质投入的 85.80％。三是在服务支出方面，电费投入占比最大，达到 74.56％；其次是防疫费，占比达 16.61％，两项合计占全部服务支出的 91.17％。四是人力投入支出方面，投入呈下降的趋势，本户（单位）人员、雇工费用占比变化不大，基本保持稳定。

2. 产量、收入及价格情况 2022年全国采集点鲢出塘量 2 268 594 千克，同比下降 32.49％；销售额 1 340.85 万元，同比下降 40.11％；出塘价格全国平均为 5.91 元/千克，与 2021 年的 6.66 元/千克相比，同比下降了 11.26％。2022 年全国采集点的价格为 5.04～7.69 元/千克，全年采集点鲢的价格运行情况基本上反映了市场供需关系的变化规律（表 3-4）。2022 年全国采集点鲢出塘量最高的是 12 月，其次是 1 月，最低的是 7 月；销售额最高的是 12 月，其次是 1 月，最低的是 7 月。出塘量与销售额的变化规律与鲢一般在冬季集中上市的生产特点完全相符。除了 4 月、5 月鲢出塘量、销售额同比增加，全年其他月份均大幅降低，原因可能是 2、3 月鱼价偏低，压塘量大，4、5 月鱼价上升后集中出塘。

表 3-4 2021 年和 2022 年 1—12 月全国鲢出塘价、出塘量和销售额

月份	出塘价（元/千克）		出塘量（千克）		销售额（万元）	
	2021 年	2022 年	2021 年	2022 年	2021 年	2022 年
1	4.12	5.66	672 469	355 936	276.74	201.53
2	5.66	5.04	281 134	181 072	159.05	91.30
3	7.39	5.7	205 349	141 037	151.82	80.34
4	8.73	6.48	67 615	136 967	59.02	88.74
5	8.97	6.04	103 066	203 610	92.42	123.01
6	9.07	7.69	166 451	81 456	151.05	62.67
7	8.70	5.41	182 388	56 180	158.68	30.42

（续）

月份	出塘价（元/千克）		出塘量（千克）		销售额（万元）	
	2021 年	2022 年	2021 年	2022 年	2021 年	2022 年
8	8.28	5.22	287 626	110 863	238.14	57.88
9	8.08	5.11	196 432	95 587	158.75	48.82
10	6.61	6.37	294 456	184 061	194.75	117.31
11	6.66	6.13	480 552	312 647	319.91	191.66
12	6.58	6.04	423 022	409 178	278.48	247.17

二、鳙专题报告

（一）采集点基本情况

2022 年，全国水产技术推广总站在湖北、广东、湖南等 15 个省份开展了鳙渔情信息采集工作，共设置采集点 110 个。采集点共投放了价值 368.26 万元的苗种，同比下降 36.95%，累计生产投入 2 279.1 万元；出塘量 1 779 012 千克，销售额 2 256.07 万元；出塘价全国平均为 12.68 元/千克；采集点养殖方式主要以池塘套养为主。

（二）2022 年生产形势分析

1. 生产投入情况

2022 年全国采集点累计生产投入 2 279.10 万元，同比下降 16.28%。其中，物质投入 1 814.11 万元，同比下降 12.09%，占比 79.60%；服务支出 197.62 万元，同比下降 4.33%，占比 8.67%；人力投入 267.37 万元，同比减少 41.01%，占比 11.73%（图 3-8）。在物质投入中，苗种投入 368.26 万元，占比 20.3%；饲料投入 1 244.37 万元，占比 68.59%；燃料费 9.07 万元，占比 0.5%；塘租费 182.62 万元，占比 10.07%；固定资产折旧费 9.54 万元，

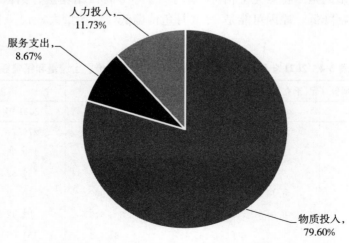

图 3-8　2022 年全国鳙生产投入占比情况

占比 0.53%；其他物质投入 0.25 万元，占比 0.01%（图 3-9）。在服务支出中，电费 147.05 万元，占比 74.41%；水费 3.68 万元，占比 1.86%；防疫费 31.75 万元，占比 16.07%；保险费 0.01 万元，占比 0.01%；其他费用 15.13 万元，占比 7.66%。人力投入中，雇工费 120.15 万元，占比 44.94%；本户人员费用 147.22 万元，占比 55.06%。

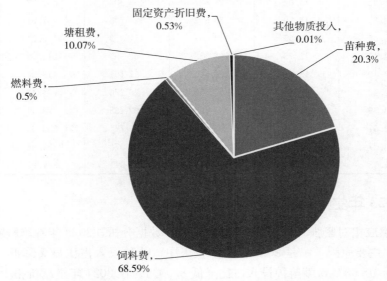

图 3-9　2022 年全国鳙物质投入占比情况

从以上数据分析可知，一是在生产投入中，物质投入占比最大，达到 79.60%；其次是人力投入，占比 11.73%，两项合计占全部投入的 91.33%。二是在物质投入中，饲料费占比最大，达到 68.59%；其次是苗种费，占比 20.30%，两项合计占全部投入的 88.89%。三是在服务支出方面，电费投入占比最大，达到 74.41%；其次是防疫费，占比 16.06%，两项合计占全部投入的 90.47%。四是人力投入支出方面，投入呈下降的趋势，其中本户人员费用占比上升，雇工费占比下降。

2. 产量、收入及价格情况　2022 年全国采集点鳙出塘量 1 779 012 千克，较 2021 年同比下降 34.26%；销售额 2 256.07 万元，同比下降 33.27%；出塘价格全国平均为 12.49 元/千克，同比上升 1.52%。2022 年全国采集点的价格在 11.48~14.02 元/千克，价格波动相较 2021 年，更加平缓稳定。全年采集点鳙的价格运行情况基本上反映了市场供需关系的变化规律。2022 年全年鳙的出塘量、销售额波动较为平缓，全国采集点鳙出塘量最高的是 1 月，其次是 2 月，最低的是 9 月；销售额最高的是 1 月，其次是 12 月，最低的是 7 月。1 月、11 月、12 月出塘量、销售额同比大幅降低，仍符合冬季集中上市的生产特点（表 3-5）。

表 3-5　2021 年和 2022 年各月份全国鳙出塘价、出塘量和销售额

月份	出塘价（元/千克）		出塘量（千克）		销售额（万元）	
	2021 年	2022 年	2021 年	2022 年	2021 年	2022 年
1	10.29	12.53	866 785	334 396	891.76	419.10

（续）

月份	出塘价（元/千克）		出塘量（千克）		销售额（万元）	
	2021 年	2022 年	2021 年	2022 年	2021 年	2022 年
2	11.72	12.54	410 677	125 994	481.15	158.01
3	15.33	14.02	220 327	153 502	337.73	215.21
4	18.83	13.70	83 672	121 705	157.51	166.76
5	15.56	13.65	114 307	112 343	177.81	153.39
6	17.11	13.79	126 528	68 395	216.52	94.32
7	17.10	13.93	66 641	57 191	113.94	79.65
8	12.40	13.14	76 158	76 276	94.42	100.19
9	13.39	11.48	58 558	102 125	78.41	117.22
10	12.57	12.59	206 478	129 774	259.63	163.39
11	13.27	11.75	195 837	200 370	259.94	235.51
12	11.13	11.90	280 306	296 941	311.95	353.32

三、2023 年生产形势预测

1. 苗种供应相对紧张 根据 2022 年鲢鳙生产数据分析，2023 年春季鲢鳙苗种市场供应相对紧张，主要原因：一是 2022 年生产投入中，苗种投入占比显著降低，其中鲢苗种投入占比降低 10.68%，鳙苗种投入占比降低 8.00%。在 2021 年鲢鳙价格上升的情况下，2022 年苗种投入占比显著降低，说明 2022 年鲢鳙苗种价格出现了明显下降，这会导致苗种生产厂家经济效益受到明显影响，生产积极性会相应降低。二是 2022 年长江流域遭受严重的高温干旱天气，很多地方河流、湖泊降至历史最低水位，苗种生产受长期高温干旱天气的影响较大。

2. 市场供应量会有所减少 2022 年全国采集点鲢出塘量同比下降 32.49%，出塘价格同比下降 11.26%；鳙出塘量同比下降 34.26%，出塘价格同比上升 1.52%。根据以上数据分析，2023 年鲢鳙市场供应量会有所减少，主要原因：一是 2022 年鲢鳙市场价格不理想，对养殖户投苗的积极性会产生较大的负面影响。二是 2022 年长江流域遭受严重的高温干旱天气，对苗种生产影响较大，可能造成 2023 年苗种短缺，从而造成苗种投放量减少并最终影响成鱼的市场供应量。

3. 价格总体平稳 2023 年鲢鳙市场价格将会受到三个方面的影响：一是随着疫情得到控制，各地的堂食消费将逐渐恢复正常，堂食消费增加必然会带动水产品消费量的增加。二是鲢鳙为大宗淡水养殖品种，市场消费量相对稳定，市场供应量减少一般会导致市场价格上升。三是近几年的疫情对经济的影响较大，鲢鳙市场价格虽然上升可能性较大，但幅度可能非常有限。综合考虑以上三个方面，结合 2022 年鲢鳙市场价格数据分析，2023 年鲢鳙市场价格将总体平稳。

（汤亚斌）

鲤专题报告

一、基本情况

1. 采集点基本情况　截至目前，全国共有16个省份230个县725个养殖渔情信息采集点，其中64个监测点已停报，661个监测点正常报送。在16个养殖渔情信息采集省份中，有8个省份采集了鲤养殖信息，分别是河北、辽宁、吉林、江苏、浙江、山东、四川和河南。

2. 采集指标变化情况

（1）出塘量及出塘收入　2022年1—12月，全国采集点共出售商品鲤6 530.63吨，销售收入7 403.98万元。与2020年相比，分别增长了14.35％和36.96％（表3-6），销售量和销售额较2020年有很大的恢复，但较2021年有所下降，主要原因是2022年鲤的价格偏低。

表3-6　2020—2022年鲤鱼出塘量和出塘收入

月份	2022		2021		2020	
	出塘量（吨）	出塘收入（万元）	出塘量（吨）	出塘收入（万元）	出塘量（吨）	出塘收入（万元）
1	420.66	512.91	2 361.985	2 381.2432	464.45	426.36
2	1 824.12	2 057.16	1 080.27	1 384.555	167.60	140.99
3	70.22	78.50	121.295	164.032	41.63	34.66
4	130.03	144.78	39.485	66.599	954.13	886.07
5	861.44	918.81	163.659	287.006	201.99	224.04
6	108.69	110.56	48.88	87.782	77.37	90.43
7	99.98	113.55	80.41	116.866	66.58	75.64
8	64.23	64.46	114.155	127.999	30.74	33.41
9	64.43	64.98	171.55	211.96	614.51	561.83
10	2 546.50	2 922.40	2 336.946	3 155.8837	2 450.19	2 275.40
11	331.73	407.27	393.2	473.42	478.38	501.69
12	8.60	8.60	34.57	45.644	163.54	155.53
合计	6 530.63	7 403.98	6 946.41	8 502.99	5 711.10	5 406.03

（2）出塘价格　2022年鲤的出塘价格于年初和年尾价格偏高，价格高点在11月达到12.28元/千克，年度平均价格为11.34元/千克，较2021年下降7.35％（表3-7）。

表3-7　2020—2022年鲤出塘价格变化（元/千克）

鲤	月份											
	1	2	3	4	5	6	7	8	9	10	11	12
2022	12.19	11.28	11.18	11.13	10.67	10.17	11.36	10.04	10.09	11.48	12.28	10

（续）

鲤	月份											
	1	2	3	4	5	6	7	8	9	10	11	12
2021	10.08	12.82	13.52	16.87	17.54	17.96	14.53	11.21	12.36	13.5	12.04	13.2
2020	9.18	8.41	8.33	9.29	11.09	11.69	11.36	10.87	9.14	9.29	10.49	9.51

各鲤采集点价格见表 3-8。浙江省出塘价格最高，年平均价格 14.62 元/千克；河北省出塘价格最低，年平均价格 10.9 元/千克。全国最高价格出现在四川省，为 24 元/千克；最低价格出现在吉林省的 10 月份，为 4.7 元/千克。但 2022 年总体价格情况与 2020 年相比，显著提高；与 2021 年相比，略有下降。

表 3-8　2022 年 1—12 月各省份鲤出塘价格（元/千克）

省份	月份												平均单价
	1	2	3	4	5	6	7	8	9	10	11	12	
全国	12.19	11.28	11.18	11.13	10.67	10.17	11.36	10.04	10.09	11.48	12.28	10.00	11.34
河北	0	11.19	11.00	10.40	10.43	10.40	9.00	10.00	9.60	0	0	0	10.90
辽宁	0	10.80	0	9.80	0	7.45	9.60	0	9.87	11.60	12.31	0	11.54
吉林	0	0	0	15.39	12.25	11.50	14.00	0	12.40	4.70	0	0	11.32
江苏	11.68	10.40	0	0	0	0	0	10.01	0	0	0	0	11.62
浙江	14.00	15.00	15.00	0	0	0	0	0	0	0	0	0	14.62
山东	12.40	12.60	0	12.94	12.43	9.29	8.20	0	0	0	0	0	11.07
河南	12.14	11.40	11.00	0	10.68	0	0	0	0	0	0	0	11.59
四川	12.60	14.00	22.73	24.00	24.00	17.22	24.00	13.00	24.00	13.00	10.80	10.00	11.97

（3）生产投入情况　2022 年 1—12 月，采集点鲤生产投入占比见图 3-10。物质投入占 88.95％，服务支出占 6.75％，人力投入占 4.30％。

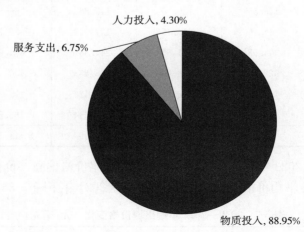

图 3-10　2022 年采集点鲤生产投入占比

（4）生产损失情况　2022 年 1—12 月，采集点鲤受灾损失 11.36 万元。其中，病害损失 5.76 万元，自然灾害损失 0 万元，其他灾害损失 5.60 万元。受灾损失主要集中在

6—9月，原因是夏季水温升高，导致鲤病害增加。2022年1—12月采集点鲤生产损失数据见表3-9。

表3-9 2022年1—12月采集点鲤生产损失情况（万元）

损失	月份												合计
	1	2	3	4	5	6	7	8	9	10	11	12	
受灾损失	0	0	0	1.60	0	4.24	3.50	1.35	0.67	0	0	0	11.36
病害	0	0	0	0	0	0.24	3.50	1.35	0.67	0	0	0	5.76
自然灾害	0	0	0	0	0	0	0	0	0	0	0	0	0
其他灾害	0	0	0	1.60	0	4.00	0	0	0	0	0	0	5.60

二、结果与分析

1. 养殖成本高，利润率低 根据近三年养殖成本核算，全国平均鲤养殖成本在10.60元/千克左右。2020年受利润空间压缩、疫情等多种因素的影响，鲤养殖基本处于赔钱状态。2021年整体水产品价格均有所上涨，鲤全国塘边价格平均达到12.24元/千克，利润率23.19%；2022年鲤销售单价略有下降，平均价格为11.34元/千克，利润率为6.98%。2021年疫情防控形势较缓，消费市场逐步恢复，鲤销售迎来一个高峰期；2022年起，逐步收紧的防控政策给成品鱼运输、销售造成影响，鲤价格略有下降，随着形势的逐步好转，2023年，鲤的养殖形势将更趋于疫情防控前的时期。

2. 养殖形势依然严峻 目前，鱼苗种苗培育市场比较混乱，品质参差不齐，这主要是养殖者缺乏完备的养殖技术，亲鱼亲本近亲繁殖，选育杂乱无章，造成养殖过程个体差异较大、种苗质量不高、抗病性太差等问题，这些问题都会影响渔业的健康发展。除此以外，近些年鲤的价格波动幅度不大，除了2021年，受水产行业整体影响，鲤的价格迎来一波上涨，其他时间价格均处于较低的水平，利润率逐渐下降，养殖户养殖意愿转向技术成熟、价格稳定、利润率高的鮰、鲈等，使得鲤的养殖面积进一步缩减。

三、存在的问题

1. 高产带来严峻的环境问题 部分养殖户科学养殖意识淡化，对品种、养殖密度、投入品使用等环节漠不关心，造成水质严重恶化，产品质量下降。随着养殖技术的发展，鲤的亩产每年都有新的突破，沿黄地区普遍在2 500～5 000千克/亩，高产的背后，付出的是环境的代价，比如：过量的饲料投入，未被充分消化吸收的饲料会随着粪便沉入水体底部，随着时间的推移，沉积物发酵造成缺氧环境，不仅会对鲤的养殖产生影响，而且还会引起水体发臭，影响整体感观。

2. 养殖病害处理不完善 鲤养殖中的各种鱼类疾病频发，例如烂鳃病、竖鳞病、肠炎病等，这些疾病其实很容易预防，但是却往往由于各种主观或客观上的原因，使其蔓延开来，造成了十分严重的亏损。水质不好的鱼塘，存在大量的致病微生物，整体换水又没有可行性，导致鱼病的发病率比较高。养殖户通常的处理方法就是直接往鱼池里撒药，这样做不但没有达到治疗鱼病的目的，反而造成了水质的污染，加剧了鱼患病的概率，治疗使用的药物也就越来越多，养殖成本居高不下，如此恶性循环，整个养殖的水环境被破坏。

四、养殖趋势及前景预测

鲤是我国广泛养殖、性状优良、市场需求高的品种之一，截至目前，经全国水产原良种审定委员会审定和公布，适宜推广的鲤品种有 40 个。至 2016 年我国鲤淡水养殖产量稳中有升，但近两年由于鲤商品鱼价格一直低迷、养殖形势严峻，养殖产量稳中有降，2019—2021 年呈现持续下降的趋势，2021 年受水产品市场影响，鲤价格上涨，但鲤总产量仍呈现下降趋势。

2022 年 1—12 月，各监测点数据显示，鲤价格与 2021 年相比，有所下降，在 10～12.28 元/千克浮动，但总体生产形势趋于稳定。7—8 月，各水产养殖区受高温降雨天气影响较大，持续高温延缓水生生物生长速度，导致水体有机质迅速分解、有害物质增加，水质恶化易引发疾病，影响成活率、规格和品质。据走访调研，不仅鲤，其他大宗淡水鱼类同样损失较大，水产养殖依然是极度依赖环境因素的产业之一。2022 年春节以来，饲料原料价格持续高位运行，国际地缘冲突、新冠疫情反复等加剧了全球供应链矛盾，受此影响，国内水产饲料价格已经多次上调。此外，能源、渔药、人工等也在涨价，养殖成本明显增长，但同时鱼价上涨的空间有限，养殖户利润进一步被压缩，甚至出现亏损。

2023 年鲤鱼生产形势预测：①鲤价格的下降与饲料价格的上涨，将进一步压缩利润空间，打击养殖户养殖鲤的积极性，鲤的养殖规模必将出现缩减；②随着市场水产品消费者逐渐转向鲈、虾类等热门水产品，鲤的受欢迎程度呈下降趋势，预测 2023 年鲤的出塘价格会维持在较低区间；③近几年鲤主产区的异常天气较多，自然灾害对鲤的生产产生极大影响，鲤养殖户应注意加强防范，做好水质管理，防范极端天气。

五、发展建议

作为大宗淡水鱼主要品种的鲤，为满足人民群众对水产品的需求做出了巨大贡献。根据新时期水产养殖业绿色发展要求，结合现代水产健康养殖技术，提出以下建议：①规范苗种供应市场，建立良种溯源体系；②提高养殖户对新发展理念的认识，目前，华中地区大部分鲤养殖以传统池塘为主，养殖户的养殖理念还很保守，对新技术、新模式的接受度不高，养殖效率较低；③加强鱼病防疫宣传，通过各种途径，借助"用药减量"行动，全面展开对普通养殖户的科普宣传，提高养殖过程中的防疫效果；④拓展鲤深加工渠道，借助"预制菜"产业发展趋势，探索鲤的深加工产品，加强产业链下游发展。

（胡建平　郜小龙）

鲫专题报告

2022 年，全国鲫鱼养殖渔情信息采集区域涉及河北、辽宁、吉林、江苏、浙江等 16 个省（区）、采集县 52 个、采集点 90 个。

一、生产情况

1. 采集点出塘量、收入同比减少　全国采集点鲫鱼出塘总量为 3 904.33 吨，同比减少 16.77％；出塘收入 5 939.54 万元，同比减少 17.99％（表 3-10）。大幅减少原因为采集点及采集面积调整、鲫病害暴发严重、存塘量高于 2021 年同期。

表 3-10　2022 年鲫监测点出塘量和收入及与 2021 年同期对比情况

地区	出塘收入（万元）			出塘量（吨）		
	2021 年	2022 年	增减率（％）	2021 年	2022 年	增减率（％）
全国	7 242.12	5 939.54	−17.99	4 690.96	3 904.33	−16.77
河北	203.85	195.00	−4.34	167.90	150.00	−10.66
辽宁	334.00	256.00	−23.35	235.00	160.00	−31.91
吉林	50.18	24.00	−52.17	25.18	13.50	−46.39
江苏	3 123.30	2 700.23	−13.5	2 043.03	1 715.70	−16.02
江西	532.93	287.25	−46.10	321.96	204.90	−36.36
福建	46.95	62.78	33.73	26.41	40.57	53.65
广东	4.80	14.96	211.80	2.92	9.50	225.78
湖北	11.18	16.15	44.52	7.90	9.70	22.78
四川	18.70	60.15	221.74	6.60	29.38	345.15
湖南	1 252.26	827.91	−33.89	890.23	641.87	−27.90
安徽	406.43	366.94	−9.72	239.73	221.80	−7.48
浙江	78.67	107.26	36.35	56.82	71.88	26.51
河南	170.00	55.00	−67.65	98.90	27.50	−72.19
山东	15.17	6.60	−56.52	12.19	5.55	−54.43
广西	985.00	954.11	−3.14	551.54	599.88	8.76
海南	8.70	5.20	−40.23	4.65	2.60	−44.09

2. 养殖结构调整明显加快　通过调研了解，鲫的养殖模式发生了根本性变化，全国以主养鲫为主的地区逐步减少，混养的比例加大，主要与大宗淡水鱼、名特优水产品混养。以江苏地区为例，精养一度是盐城、泰州等鲫主产区的主要养殖模式，也是养殖户眼中生财的"香饽饽"。然而自 2009 年开始出现鳃出血病后，江苏省的银鲫养殖情况一路直线下滑。为降低鳃出血病的发病概率，养殖户将原本的精养模式改为混养模式，大部分选择与草鱼混养。然而即便如此调整，鲫的鳃出血病发病情况仍未得到改善。2022 年主养银鲫的养殖户占比非常小，一般是与草鱼或其他大宗淡水鱼类混养，转产的也很多，表现

为改养南美白对虾、斑点叉尾鮰等品种，目前江苏的鲫养殖面积严重缩水。

3. 综合出塘价格同比略减 采集点数据显示：鲫 1—12 月全国综合出塘价格 15.21 元/千克，同比下降 1.49％；4 月全国综合出塘价格 17.31 元/千克，达到最高点；12 月全国综合出塘价格 12.74 元/千克，为最低点。从全国采集数据分析，四川、河南、海南均价较高，分别为 20.47 元/千克、20.00 元/千克、20.00 元/千克；河北、湖南和山东三省单价较低，分别为 13.00 元/千克、12.90 元/千克、11.88 元/千克；辽宁、河南、湖北单价涨幅最大，分别为 12.60％、16.35％、17.67％；福建、江西、四川单价跌幅最大，分别为 12.99％、15.29％、27.74％（图 3-11）。

表 3-11　2022 年监测点鲫出塘价格及与 2021 年同期对比情况

地区	出塘价格（元/千克）		
	2021 年	2022 年	增减率（％）
全国	15.44	15.21	−1.49
河北	12.14	13.00	7.08
辽宁	14.21	16.00	12.60
吉林	19.93	17.78	−10.79
江苏	15.29	15.74	2.94
浙江	13.85	14.92	7.73
安徽	16.95	16.54	−2.42
福建	17.78	15.47	−12.99
江西	16.55	14.02	−15.29
山东	12.45	11.88	−4.58
河南	17.19	20.00	16.35
湖北	14.15	16.65	17.67
广东	16.45	15.74	−4.32
广西	17.86	15.91	−10.92
海南	18.71	20.00	6.89
四川	28.33	20.47	−27.74
湖南	14.17	12.90	−8.32

2022 年春季，全国鲫养殖继续保持较好的形势，鲫的塘口销售价格处于高位。全国采集点数据 1 月鲫销售价格同比上涨 8.22％。2 月的上半月，受春节消费的拉动，价格较 1 月略涨。2 月下半月鲫的出塘价格开始小幅回落，但仍高于 2021 年同期。直到 4 月到达最高点后，慢慢微跌企稳，12 月出塘高峰期，价格为最低点。

4. 养殖成本呈上升趋势 2022 年 1—12 月全国采集点数据显示：鲫养殖投入成本 8 211.07 万元，同比增长 8.95％，分别为物质投入 7 145.59 万元、服务支出 459.81 万元、人力支出 605.67 万元。其中，占比较大的养殖成本为饲料费 5 156.26 万元，同比增长 10.33％；投苗费 1 090.70 万元，同比减少 6.18％；投种费 516.59 万元，同比增加 12.79％；塘租费 572.21 万元，同比增加 54.98％；固定资产折旧费 269.64 万元，同比增加 1.69%。

2022 年鲫的行情相比其他大宗淡水鱼经济效益相对较好，激发养殖户快速出鱼的热情，全国大部分省份采集点投种量有所增加。2022 年各地苗种价格均有所上涨，上涨 5%～10%。养殖池塘租金呈现上涨趋势，特别是异育银鲫主产区的塘租出现了明显的上涨。以江苏省为例，盐城地区鲫主产区 2021 年平均的塘租为 1 100～1 500，2022 年部分塘口条件相对较好的池塘，租金上涨到 2 000 元/亩左右。2022 年下半年开始，豆粕和鱼粉市场价格飞涨，豆粕的价格突破 5 000 元/吨，鱼粉的市场价格也已经达到 13 500 元/吨。以豆粕和进口鱼粉为主要原料的淡水鱼配合饲料也在随着原料价格的上涨而不断地刷新新高。

5. 病害频发，经济损失严重　从全国采集数据分析，鲫病害损失 87.71 万元，主要是大红鳃、鳃出血病、孢子虫等病害。江苏鲫主养区，鳃出血病的发病率达 40% 以上，甚至有的养殖户高达 90%，造成了重大经济损失。

二、存在问题

1. 池塘生态化改造和养殖尾水达标排放的压力加大　随着全国各地政府出台池塘生态化改造政策和制定达标养殖尾水排放标准，有些池塘养殖户要自己投入进行改造，大部分的连片养殖区由池塘发包方投入进行改造，不管改造的投入主体是谁，必然会影响正常养殖生产的渔事安排，增加生产设施的固定投入成本。

2. 养殖成本持续上升　除了池塘租金正常上涨外，目前的现货和期货市场价格走势表明，2022 年鱼饲料的原料有一定幅度的上涨，导致配合颗粒饵料的市场价格有明显涨幅，基本达到 200～400 元/吨。此外，兽药、水质底质改良剂受物价水平的总体带动，也可能有一定的涨幅，这些将增加养殖生产成本。

3. 养殖规模进一步减少　随着国家生态保护红线内养殖水面清理力度的加大、"耕地非农化，基本农田非粮化"整治工作的逐步推进，部分位于生态保护红线和基本农田内的养殖水面逐步退出，总体养殖规模将逐渐减少。

三、2023 年生产形势预测

受国内消费结构的变化和养殖规模的缩减双重因素的影响，全国鲫的市场供需目前基本平衡，会呈现季节性过剩或供不应求，价格会有所波动，总体来看养殖效益相对趋于平稳。随着池塘租金和饲料价格的上涨，养殖生产成本增加，病害频发，养殖效益仍不容乐观。随着养殖结构的调整，减少养殖生产风险和提高抗市场行情的能力，进一步提升品质，是鲫产业发展的必然趋势。

（王明宝）

罗非鱼专题报告

一、罗非鱼主产区分布及总体情况

罗非鱼养殖区域主要集中在气温较高的南方地方，包括广东、广西和海南，大部分商品鱼经加工后出口其他国家和地区。罗非鱼养殖主要采用投喂人工配合饲料的精养方式，养殖模式主要有普通池塘精养、大水面池塘精养等。目前，罗非鱼已成为南方淡水养殖的重要经济鱼类。

2022 年，全国罗非鱼养殖渔情测报工作在广东、广西、海南等 3 个罗非鱼主产区设置了 13 个信息采集点。2022 年，渔情采集点罗非鱼综合单价为 8.93 元/千克，与 2021 年相比，基本持平；出塘量 15 707.58 吨，销售收入 14 026.40 万元，分别较 2021 年增长 1.35％和 2.17％。总体来讲，2022 年全国罗非鱼生产状况良好，市场供应充足，市场价格稳定，生产企业积极性较高。

二、罗非鱼生产形势及特点

2022 年，采集点罗非鱼销售总额 14 026.40 万元，生产投入 13 773.28 万元，各类补贴 0 元，灾害损失约 1.64 万元（表 3-12）。

表 3-12　全国罗非鱼采集点生产情况

单位：万元

省份	销售额	生产投入				补贴收入	受灾损失
		总投入	物质投入	服务支出	人力投入		
全国	14 026.40	13 773.28	13 149.74	282.59	340.95	0.00	1.64
广东	8 443.88	7 398.70	7 129.18	86.87	182.65	0.00	0.00
广西	190.35	132.80	118.95	4.55	9.30	0.00	0.24
海南	5 392.17	6 241.78	5 901.62	191.17	149.00	0.00	1.40

1. 生产投入加大，饲料费占比提升

2022 年，罗非鱼生产投入 13 773.28 万元，较 2021 年增长 19.66％。生产成本中，饲料费 11 788.66 万元，占比 85.59％，较 2021 年有所提升（图 3-11）。

2. 苗种费用减少　2022 年，全国罗非鱼采集点投苗 2 804.12 万尾，投种 2 500.00 千克，总费用 313.52 万元，较 2021 年减少 48.33％。2021 年投入苗种总费用最多的是广东省，为 171.40 万元，其次是海南省 131.22 万元，广西壮族自治区 10.90 万元（表 3-13）。

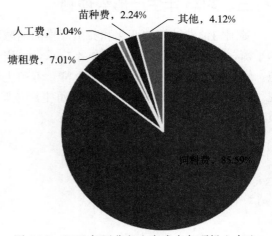

图 3-11　2022 年罗非鱼生产成本各项投入占比

表 3-13 罗非鱼采集点投苗、投种情况

区域	苗种总费用（万元）	投苗		投种	
		数量（万尾）	金额（万元）	数量（千克）	金额（万元）
全国	313.52	2804.12	308.02	2 500.00	5.50
广东	171.40	1889.00	171.40	0.00	0.00
广西	10.90	16.00	5.40	2 500.00	5.50
海南	131.22	899.12	131.22	0.00	0.00

与 2021 年相比，2022 年的投苗量减少 38.10%，投苗金额减少 48.22%，主要是因为 2022 年气温变化较大，苗种生产量减少，养殖单位投入相应减少。

3. 商品鱼销售量小幅增加，市场价格波动较大 2022 年全国采集点销售罗非鱼 15 707.58 吨，销售额 14 026.40 万元，与 2021 年相比，分别增加 1.35% 和 2.17%。其中，产量最高的是广东省，出塘量 9 250.40 吨，销售额 8 443.88 万元；其次是海南省，出塘量 6 277.28 吨，销售额 5 392.17 万元（表 3-14）。

表 3-14 2022 年和 2021 年罗非鱼销售情况

地区	出塘量（吨）			销售额（万元）		
	2021 年	2022 年	增减率（%）	2021 年	2022 年	增减率（%）
全国	15 498.90	15 707.58	1.35	13 728.72	1 4026.40	2.17
广东	8 561.25	9 250.40	8.05	7 630.11	8 443.88	10.67
广西	163.05	179.90	10.33	175.38	190.35	8.54
海南	6 774.60	6 277.28	−7.34	5 923.23	5 392.17	−8.97

2022 年全国罗非鱼采集点综合单价 8.93 元/千克，与 2021 年（综合单价 8.86 元/千克）相比，增长了 0.79%。2022 年全国罗非鱼采集点成鱼出塘价格最高的是广西壮族自治区，综合单价为 10.58 元/千克，其次是广东省，综合单价为 9.13 元/千克，最低是海南省，综合单价为 8.59 元/千克。

2022 年，罗非鱼全国综合单价波动较大，上半年价格较高，基本维持在 8.69~10.87 元/千克；下半年，受国际市场影响，中国罗非鱼出口形势严峻，特别是第三季度后，出口订单减少了很多，罗非鱼价格下跌幅度较大，为 7.24~8.27 元/千克（图 3-12）。

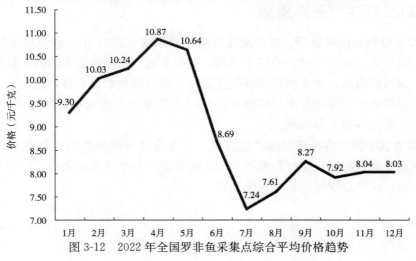

图 3-12 2022 年全国罗非鱼采集点综合平均价格趋势

4. 灾害损失少　2022 年全国罗非鱼采集点产量损失合计 2.94 吨，经济损失 1.64 万元。

与 2021 年相比，病害损失有所增加，但总体来看，罗非鱼养殖技术比较成熟，灾害损失少，个别灾害损失在可控范围之内。

三、存在的主要问题与建议

1. 罗非鱼国际消费市场疲软，积极开拓国内市场　我国罗非鱼产品主要销往欧美国家，2022 年，罗非鱼国际消费市场需求放缓，外销订单急剧减少，罗非鱼市场价格整体下跌，南方诸多养殖单位出现大面积亏损，我国罗非鱼出口进入低迷期，需要积极开拓稳定的国内市场，解决销路问题。目前，政府和企业在养殖、加工、品牌创建等方面做出了很多努力：为适应人们的饮食习惯、饮食结构的改变，罗非鱼预制菜进入快速发展期，诸多公司推出酸菜鱼片、香辣烤鱼、香煎鱼排等各式菜品，广受消费者喜爱；随着脆肉罗非鱼饲料的成功研发和规模化养殖的成功，脆肉罗非鱼一跃成为水产养殖的新宠。

2. 养殖尾水治理有待提高，倡导绿色发展　目前，罗非鱼养殖技术比较成熟，门槛低，大多数地区以龙头企业为中心，向周边辐射带动农户发展，由于农户分布零散，生产随意性大，养殖尾水排放是目前比较突出的问题。目前，全国各地陆续出台养殖尾水排放标准，标准的出台将水产养殖尾水达标排放从行业自律变为刚性约束，是水产养殖尾水监测及生态环境综合执法的重要依据，对控制水产养殖尾水污染物排放、规范水产养殖环境管理、推进水产养殖业绿色发展具有十分重要的意义。

3. 外来物种影响水域生态，加强罗非鱼监测与防控　罗非鱼产业的发展带来了经济效益，也影响了诸多水域生态。罗非鱼原产于非洲，生长适应性强，引进国内后，由于人为放生、人为丢弃、养殖逃逸，以及其他人为干扰等因素造成大范围扩散。罗非鱼的扩散和入侵不仅降低了渔业捕捞量和渔民收入，也给生物多样性以及水生生物系统的结构和功能构成了严重的威胁。因此，在加强养殖管理的情况下，加强罗非鱼监测与防控技术开发，保护水生生态环境，保护水生生物多样性。

四、2023 年生产形势预测

1. 罗非鱼价格将低位运行，农户增收形势不容乐观　2023 年，新冠疫情防控政策调整后，罗非鱼生产、流通、销售等环节顺畅，但由于出口仍存在诸多问题，且国内市场未完全打开，饲料价格高，罗非鱼价格将低位运行，农户增收形势不容乐观。

低价罗非鱼将影响养殖户生产积极性，2023 年罗非鱼产量或将下降，苗种生产企业、加工出口企业将面临很大的挑战。

2. 罗非鱼链球菌病将持续影响产业发展　罗非鱼链球菌病将会长期存在，并影响产业发展。在夏季高温时段，生产和管理欠规范的养殖户易暴发链球菌病，特别是高密度养殖的生产单位，应注意做好防范和安全处置。

（骆大鹏）

黄颡鱼专题报告

2022 年，全国黄颡鱼养殖渔情信息采集区域涉及江苏、浙江、安徽、江西、湖北、广东、四川和湖南 8 个省份，共有 23 个采集点，养殖面积 9 058 亩。

一、2021 年生产情况

（一）销售情况

1. 出塘量和销售额 各采集点全年黄颡鱼出塘量 3 067.78 吨，销售额 6 886.16 万元，与 2021 年相比，出塘量和销售额同比增长 16.46％和 12.13％。从地区来看，浙江省出塘量和销售额最高，分别是 1 230.46 吨和 2 779.61 万元。全国黄颡鱼采集点 2021 年和 2022 年出塘量对比情况见表 3-15。从时间来看，第四季度是黄颡鱼出塘量高峰，出塘量达到 1 304.00 吨，占全年出塘量的 42.51％，销售额达到 3 046.23 万元，占全年销售额的 44.24％。1—12 月全国黄颡鱼采集点 2021 年和 2022 年出塘量对比情况见表 3-16。

表 3-15 2022 年全国黄颡鱼采集点出塘量和销售额及与 2021 年对比

地区	出塘量（吨）			销售额（万元）		
	2021 年	2022 年	增长率（％）	2021 年	2022 年	增长率（％）
江苏	203.04	411.95	102.89	613.69	714.32	16.40
浙江	914.87	1230.46	34.50	1 936.58	2 779.61	43.53
安徽	285.7	260.50	−8.82	809.06	756.75	−6.47
江西	522.45	544.59	4.24	1 245.27	1 237.90	−0.59
湖北	63.3	54.54	−13.84	140.85	117.03	−16.91
广东	225.2	193.81	−13.94	473.02	433.56	−8.34
四川	332.64	275.18	−17.27	727.68	631.42	−13.23
湖南	86.95	96.75	11.27	195.04	215.57	10.53
合计	2 634.15	3 067.78	16.46	6 141.18	6 886.16	12.13

表 3-16 2022 年 1—12 月全国黄颡鱼采集点出塘量及与 2021 年对比

月份	出塘量（吨）			销售额（万元）		
	2021 年	2022 年	增长率（％）	2021 年	2022 年	增长率（％）
1	252.39	300.8	19.18	508.24	577.63	13.65
2	227.37	263.22	15.77	506.54	609.89	20.40
3	108.43	348.75	221.64	266.38	659.72	147.66
4	102.68	133.7	30.21	264.41	312.67	18.25
5	185.72	101.48	−45.36	525.49	232.24	−55.81
6	126.47	124.73	−1.38	362.7	261.00	−28.04
7	47.57	105.75	122.30	114.09	270.06	136.71
8	210.34	99.7	−52.60	500.65	236.22	−52.82
9	103.12	285.65	177.01	244.42	680.49	178.41

（续）

月份	出塘量（吨）			销售额（万元）		
	2021 年	2022 年	增长率（%）	2021 年	2022 年	增长率（%）
10	293.21	534.48	82.29	719.33	1 246.15	73.24
11	415.95	490.71	17.97	989.19	1 164.16	17.69
12	560.93	278.81	−50.30	1 139.74	635.92	−44.20
合计	2 634.15	3 067.78	16.46	6 141.18	6 886.16	12.13

2. 出塘价格 采集点全年综合平均出塘价格 22.45 元/千克，同比降低 3.69%。从地区看，安徽省综合平均出塘价格最高，为 29.05 元/千克。全国黄颡鱼采集点平均出塘价格 7 月达到监测期内峰值，为 25.54 元/千克。2021—2022 年全国黄颡鱼采集点平均出塘价格对比情况见图 3-13，2021—2022 年 1—12 月全国黄颡鱼采集点平均出塘价格对比情况见图 3-14。

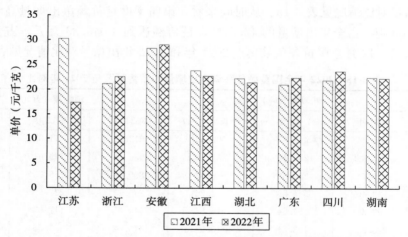

图 3-13　2021—2022 年全国黄颡鱼采集点平均出塘价格对比情况

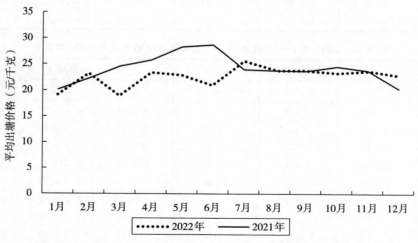

图 3-14　2021—2022 年 1—12 月全国黄颡鱼采集点平均出塘价格对比

（二）生产投入

黄颡鱼采集点全年生产投入共计4 633.78万元，与2021年相比降低了2.51%，其中物质投入、服务支出、人力投入分别是3 990.56万元、361.34万元、281.88万元，占比分别是86.12%、7.80%、6.08%。

1. 物质投入　采集点全年物质投入共计3 990.56万元，是生产投入的主要组成部分，占比86.12%。其中：苗种和饲料投入分别是795.94万元和2 861.44万元，占比分别为19.95%和71.71%，物质投入占比见图3-15。与2021年相比，苗种投入增长了25.47%、饲料投入降低了8.92%。2021—2022年全国黄颡鱼采集点物质投入对比见图3-16。

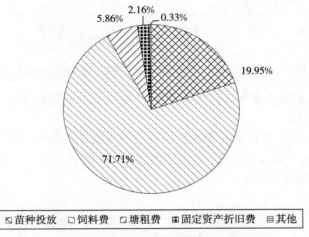

图3-15　2022年全国黄颡鱼采集点物质投入占比

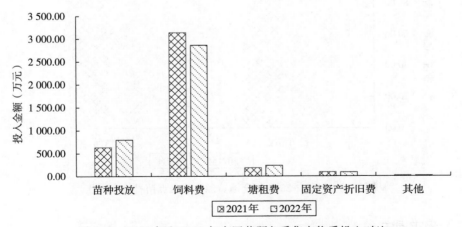

图3-16　2021年和2022年全国黄颡鱼采集点物质投入对比

2. 服务支出　采集点全年服务支出共计361.34万元，占生产投入的7.80%，其中以电费和防疫费为主，分别是237.92万元和99.30万元，与2021年相比，分别下降8.38%和17.65%。2021—2022年全国黄颡鱼采集点服务支出投入对比见图3-17。

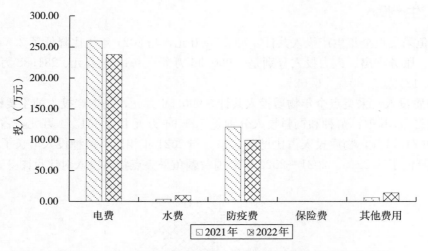

图 3-17　2020—2021 年全国黄颡鱼采集点服务支出投入对比

3. 人力投入　采集点全年人力支出共计 281.88 元，其中雇工、本户单位人员分别占比 57.77％、42.23％。

4. 苗种投入　2022 年，全国黄颡鱼采集点投苗共 105.39 亿尾，与 2021 年相比下降了 4.56％；投种 66.8 吨，与 2021 年相比增加了 68.25％。2020—2021 年全国黄颡鱼采集点苗种投入对比情况见图 3-18。

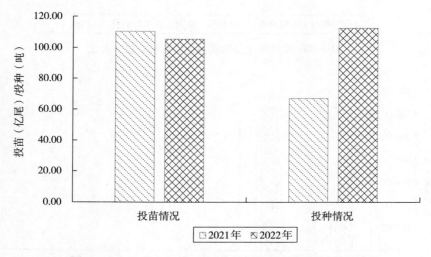

图 3-18　2021—2022 年全国黄颡鱼采集点苗种投入对比

（三）受灾损失

2022 年，黄颡鱼受灾经济损失共计 21.42 万元，均为病害经济损失，与 2021 年相比，全国黄颡鱼采集点受灾经济损失下降了 35.01％，2021—2022 年全国黄颡鱼采集点受灾损失对比情况见图 3-19。

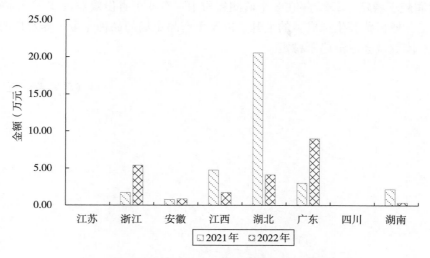

图 3-19 2021 年和 2022 年全国黄颡鱼采集点受灾损失对比

二、2022 年渔情分析

1. 养殖效益良好 2022 年，全国黄颡鱼采集点的销售量和销售额均稳定上升，出塘价格同比降低 3.83%，出塘旺季集中在第一季度和第四季度。原因：第一季度黄颡鱼出塘价格上升明显，养殖户出塘意愿强，因此第一季度出塘量上升，随着全国疫情反复，各监测点由于封控等疫情防控措施导致运输困难，同时市场消费乏力，导致第二、第三季度出塘量降低。

2. 受灾损失降低 2022 年黄颡鱼受灾经济损失共计 21.42 万元，与 2020、2021 年相比呈现下降趋势，值得指出的是虽然监测点受灾损失降低，但是黄颡鱼的病害损失和自然灾害依然不容小觑。近几年来，黄颡鱼烂身病、腹水病、开春暴死等频发，干旱、洪水等自然灾害增加，且由于养殖成本上涨，部分养殖户为降低成本采用低档饲料和苗种，存在黄颡鱼病害暴发风险。

3. 生产投入变化不大，饲料成本占比较高 与 2021 年相比，监测点生产投入降低了 2.51%，饲料投入仍然是生产投入的主要组成部分，占生产投入的 61.75%。近年来随着国际形势变化，饲料成本不断增加，增加了养殖压力。

三、2023 年生产形势预测

1. 价格稳中有涨 随着新冠疫情的逐步放开，餐饮消费市场回暖，黄颡鱼的流通和消费将会出现上升，预计黄颡鱼价格可能会出现小幅上涨。

2. 产量增速放缓 黄颡鱼产业经过多年快速发展，目前已逐渐趋于稳定，据《中国渔业统计年鉴》数据显示，2012—2020 年，黄颡鱼产量翻了一倍，自 2016 年以来，产量增长率逐年下降，从 17.32% 下降到 2021 年的 3.95%，表明黄颡鱼产业的发展逐渐趋于稳定，同时由于养殖成本上升，利润也相对降低，因此预测产量增速会逐步放缓。

3. 利润趋于稳定　　2022 年在 8 个监测省份中，有 6 个省份效益较 2021 年降低。随着饲料、人工、塘租费等生产成本的上升，以及水产品市场的品种竞争，养殖户的利润空间将缩减，总体效益会逐渐趋于稳定。

（莫　茜　王　俊）

鳜专题报告

一、基本情况

全国有 3 个省份设置了以鳜养殖为主的生产信息采集点，分别是安徽、广东和湖南。其中，安徽有 4 个采集点、广东有 1 个采集点、湖南有 3 个采集点；部分省份养殖主体将鳜作为配养品种，也有信息采集。

二、生产情况

1. 采集点养殖情况

（1）鳜苗种投放与商品鱼出塘情况　2022 年全国渔情信息采集点鳜的投苗数量 49 549.14 万尾，234.70 万元；投种 215 千克，4.25 万元；苗种投入费用共 238.95 万元，同比增加 2.85%；商品鱼出塘量 360.83 吨，同比减少 14.91%；商品鱼销售收入 2 198.10 万元，同比减少 26.16%；所采集鳜的出塘综合价格是 60.92 元/千克，同比下降 13.22%。

（2）生产投入情况　2022 年，鳜的采集点生产总投入 1 326.76 万元，比 2021 年同比减少 20.32%。其中，物质投入 1 019.05 万元，比 2021 年同比减少 22.19%。服务支出 166.67 万元，同比减少 12.02%；人力投入 141.04 万元，同比减少 15.06%。具体见表 3-17。

（3）生产损失情况　2022 年，鳜采集点病害造成损失 0.55 万元，比 2021 年同比减少 90.91%；2022 年采集点自然灾害损失 0.05 万元，同比增加 100%；其他灾害造成水产品损失 0.24 万元，同比减少 29.41%。

2022 采集点合计鳜的经济损失 0.84 万元，比 2021 年同比减少 86.83%（表 3-17）。

表 3-17　2022 年鳜生产投入和损失情况及与 2021 年同期对比情况

	金额（万元）	增减率（%）
一、销售情况（合计）	2 198.10	−26.16
二、生产投入	1 326.76	−20.32
（一）物质投入	1 019.05	−22.19
1. 苗种投放	238.95	2.85
投苗情况	234.70	19.57
投种情况	4.25	−88.20
2. 饲料	644.53	−32.01
原料性饲料	211.58	−45.76
配合饲料	101.68	72.98
其他饲料	331.27	−33.63

（续）

	金额（万元）	增减率（%）
3. 燃料	3.71	290.53
柴油	0.04	−68.75
其他燃料	3.67	346.90
4. 塘租费	113.49	1.88
5. 固定资产折旧费	14.47	105.83
6. 其他物质投入	3.90	−60.77
（二）服务支出	166.67	−12.02
1. 电费	102.53	−12.69
2. 水费	16.86	−16.52
3. 防疫费	33.85	−10.87
4. 保险费	1.41	41.00
5. 其他服务支出	12.02	−6.33
（三）人力投入	141.04	−15.06
1. 雇工	46.85	23.25
2. 本户（单位）人员	94.19	−26.43
三、各类补贴收入	11.20	
四、受灾损失	0.84	−86.83
1. 病害	0.55	−90.91
2. 自然灾害	0.05	100
3. 其他灾害	0.24	−29.41

（4）生产投入构成情况 从 2022 年生产投入构成来看，投入比例大小依次是饲料费占 48.58%，苗种费占 18.01%，人力投入费占 10.63%，电费占 7.73%，塘租费占 8.55%，防疫费占 2.55%，水费占 1.27%，固定资产折旧费占 1.09%，保险费占 0.11%，燃料费占 0.28%。

（5）水产品价格特点 采集点鳜的 2022 年价格波动幅度更大，其中 6 月最高价格达到 146.66 元/千克，7 月最低价为 41.78 元/千克，最高价是最低价的 3.51 倍。2022 年 1 月、2 月、6 月、8 月、9 月和 10 月价格高于 2021 年同期价格，其他月份低于 2021 年同期价格（图 3-20）。

2. 2022 年养殖渔情分析

（1）饲料和苗种费占生产投入比重超过 66% 从 2022 年生产投入构成来看，饲料费和苗种费两项合计占比 66.59%，仅饲料一项投入占比就达到 48.58%，这与鳜对饲料中蛋白质含量要求高且以摄食活饵料鱼为主的生物学特性密切相关。

（2）苗种费用小幅变动的主要原因 2022 年鳜采集点苗种投入费用共 238.95 万元，比 2021 年同比增加 2.85%。主要原因来自以下几个方面：一是 2021 年鳜的商品鱼养殖

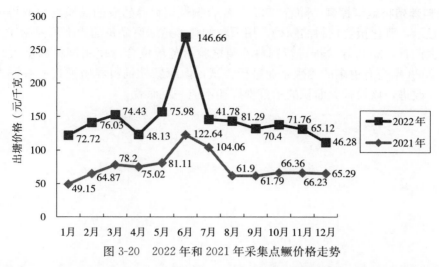

图 3-20　2022 年和 2021 年采集点鳜价格走势

效益普遍较好，平均亩利润为 4 000 元以上，导致对优质鳜苗种价格上涨不敏感，能承受较高的鳜苗种价格；二是 2021 年鳜的养殖经济效益明显，推动鳜养殖模式的增多和养殖面积的扩大；三是受鳜虹彩病毒病的干扰，优质鳜苗种供应偏紧。

（3）饲料费用明显下降的主要原因　2022 年，采集点鳜的饲料费用 644.53 万元，比 2021 年同比减少 32.01％。主要原因有：一是配合饲料使用量增加，原料性饲料使用减少。2022 年配合饲料费用 101.68 万元，同比增加 72.98％；原料性饲料费用 211.58 万元，同比减少 45.76％。配合饲料的使用能够有效提高饲料中营养物质的转化利用，从而降低饲料的成本。二是科学投喂配合饲料和科学养殖用药，提高鳜的抗病能力，减少鳜因病害死亡造成部分饲料沉积在死鱼上的损失。三是用于投喂鳜的饵料鱼病害防治工作规范，减少了饵料鱼的病原传播；四是鳜优质苗种供应量提升，鳜养殖过程中的抗病应急能力提升。

（4）鳜价格变动幅度加大　采集点鳜 2022 年价格波动幅度加大，其中最高达到 146.66 元/千克，最低价为 41.78 元/千克，最高价是最低价的 3.51 倍。如果养殖户能够在最高价出售鳜将获得高额利润，相反如果在最低价格出售将承受较大的经济损失。采集点鳜 2022 年全年鳜平均价格为 60.92 元/千克，比 2021 年同比下降 13.22％。

（5）投入产出情况　2022 年商品鱼出塘量 360.83 吨，销售收入 2 198.10 万元，鳜采集点生产总投入 1 326.76 万元，也即是生产总成本，总利润为 871.34 万元，投入产出比为 1∶1.66，从鳜采集点的情况来看，鳜养殖盈利较为丰厚，投入产出比较高。

三、2023 年生产形势预测

1. 鳜的生产规模进一步扩大　2022 年鳜出塘价格变动幅度加大，全年平均价格同比 2021 年虽然下降 13.22％，但是鳜商品鱼养殖投入产出比仍然达到 1∶1.66，明显的经济效益必然引发社会各方对鳜产业的追逐，特别是鳜生产投资规模在 2023 年肯定会扩大，随着陆基园池鳜养殖模式的探索和饲料鳜养殖试验的成功，预测 2023 年鳜的养殖规模将进一步扩展。

2. 饲料养殖将继续探索　随着 2022 年配合颗粒饲料养殖鳜的试验再次取得成功，试验点数据显示，驯化摄食饲料的鳜种，用颗粒饲料养殖鳜商品鱼的成本可控制在 40 元/千克以内。据调查，2022 年全国进行饲料养殖试验示范单位合计使用饲料数量大约是 2 万吨，展望 2023 年会有更多的养殖企业进行尝试，但鳜颗粒饲料养殖模式还有许多关键的技术点需要改进，该模式大面积的示范推广还不能一蹴而就。

（奚业文）

加州鲈专题报告

一、基本情况

根据全国养殖渔情监测系统数据显示，广东省、山东省设置了以加州鲈养殖为主的信息采集点，其中，广东有 4 个采集点、山东有 2 个采集点；在江苏、浙江、江西和安徽，加州鲈作为配养品种也有信息采集。

二、生产情况

1. 采集点养殖情况

（1）加州鲈苗种投放与商品鱼出塘情况　2022 年全国渔情信息采集点加州鲈投苗 2 820 745.89 万尾，461.65 万元；投种 22 255 千克，91.09 万元；苗种投入费用共 552.74 万元，比 2021 年同比减少 33.69%；商品鱼出塘量 1 000.02 吨，同比减少 63.43%；商品鱼销售收入 2 734.76 万元，同比减少 63.77%；所采集加州鲈的出塘综合价格是 27.35 元/千克，同比下降 0.94%。

（2）生产投入情况　2022 年，加州鲈采集点生产总投入 8 875.01 万元，同比增加 77.01%。其中，物质投入 8 470.23 万元，同比增加 91.02%，具体见表 3-18；服务支出 184.41 万元，同比减少 36.04%；人力投入 220.37 万元，同比减少 24.35%。

（3）生产损失情况　2022 年，加州鲈采集点病害造成损失 8.94 万元，比 2021 年同比减少 76.72%；2022 年自然灾害和其他灾害造成水产品损失为 0（表 3-18）。

表 3-18　2022 年加州鲈生产投入和损失情况及与 2021 年同期对比情况

	金额（万元）	增减率（%）
一、销售情况（合计）	2 734.76	−63.77
二、生产投入	8 875.01	77.01
（一）物质投入	8 470.23	91.02
1. 苗种投放	552.74	−33.69
投苗情况	461.65	−44.31
投种情况	91.09	1 845.04
2. 饲料	7 531.21	137.17
原料性饲料	52.96	−84.41
配合饲料	7 476.59	163.75
其他饲料	1.66	70.00
3. 燃料	0.02	55.00
柴油	0	0
其他燃料	0.02	55.00

（续）

	金额（万元）	增减率（%）
4. 塘租费	255.91	−22.66
5. 固定资产折旧费	129.64	44.03
6. 其他物质投入	0.71	−83.53
（二）服务支出	184.41	−36.04
1. 电费	101.44	−41.58
2. 水费	3.95	−13.94
3. 防疫费	58.46	−19.04
4. 保险费	0	−100
5. 其他服务支出	20.56	−40.39
（三）人力投入	220.37	−24.35
1. 雇工	103.64	0.40
2. 本户（单位）人员	116.73	−37.94
三、受灾损失	8.94	−76.72
1. 病害	8.94	−76.72

（4）生产投入构成情况　从 2022 年生产投入构成来看，投入比例大小依次是饲料费占 84.86%，苗种费占 6.23%，塘租费占 2.88%，人力投入费占 2.48%，电费占 1.14%，防疫费占 0.66%，水费占 0.04%，固定资产折旧占 1.46%。

（5）水产品价格特点　采集点加州鲈 2022 年 1—3 月、5—6 月和 8—11 月，出塘价格高于 2021 年同期水平；4 月、7 月和 12 月，出塘价格低于 2021 年同期水平（图 3-21）。

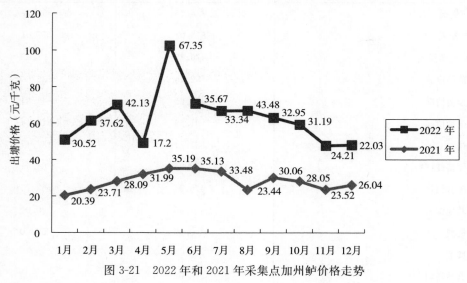

图 3-21　2022 年和 2021 年采集点加州鲈价格走势

2022 年最高价为 67.35 元/千克，最低价为 17.20 元/千克，最高价是最低价的 3.92 倍；综合出塘单价为 27.35 元/千克（图 3-21）。

2. 2022 年加州鲈养殖渔情分析

（1）饲料费占生产投入的比重超过 80% 从 2022 年生产投入构成来看，仅饲料费一项占比达 84.86%。养殖加州鲈成本很大程度上取决于饲料价格走势，饲料价格上涨，养殖成本将增加，养殖的利润空间会越来越小。

（2）2022 年饲料费用大幅提升的主要原因 2022 年加州鲈采集点饲料费用共 7 531.21 万元，比 2021 年的同比增加 137.17%。主要原因来自以下几个方面：一是豆粕等配合饲料原材料等大幅涨价，导致配合饲料成本被动提高，配合饲料的售价也相应提高，导致养殖饲料成本增加；二是加州鲈本是偏肉食性的鱼类，最近几年通过科研、推广和生产单位的共同试验、示范和推广，实现加州鲈全程配合饲料养殖，但其对配合饲料中鱼粉的含量要求很高，使加州鲈优质配合饲料成本进一步提高，相应的养殖饲料成本也进一步提高；三是部分养殖单位使用配合饲料质量不高，饲料系数偏高，造成养殖饲料成本加大；四是部分养殖单位技术管理不到位，加州鲈养殖中后期发生病害死亡，导致饲料沉积在病死鱼上面，进一步加大饲料的成本。

（3）苗种投入成本同比下降的主要原因 2022 年苗种费用 552.74 万元，同比下降 33.69%。主要原因：一是养殖渔情采集点养殖模式的调整，采集点加州鲈养殖以投放鱼种为主，鱼种投放数量同比增加 1 845.04%，鱼种的养殖成活率大幅度提高，投放数量相对确定，大大降低了苗种的成本；二是加州鲈繁育技术的普及与成熟，苗种培育成本得到控制，苗种质量得到提升，使加州鲈苗种供应充足，养殖单位购买苗种成本降低；三是采集点养殖模式的调整，2022 年有 10% 左右养殖加州鲈的池塘改养别的品种，导致苗种投放数量也同步下降。

（4）病害仍是制约加州鲈产业发展的致命因素 首先加州鲈苗期病害多，影响苗期成活率。其次在加州鲈商品鱼养殖过程中，病害较多，如果不能及时做好预防工作，往往因为病害暴发造成巨大损失。通常在 5—6 月要注意预防虹彩病毒，到了养殖中后期就要注意预防诺卡氏菌和爱德华氏菌传播。养殖户应该根据自己的技术水平和资金实力等量力而为，切勿盲目追求产量，控制合理的养殖密度，科学投喂颗粒饲料，精细管理水质，预防各种病害的暴发，达到稳定生产的目标。

三、2023 年加州鲈生产形势预测

1. 养殖规模将进一步扩大 2022 年加州鲈价格变动幅度加大，但总体综合出塘单价为 27.35 元/千克，与 2021 年相比总体价格稳定；通过典型案例调查盈亏情况分析，亩利润可达到万元以上，在淡水养殖池塘中属于高利润的养殖品种，将吸引各路资本进入加州鲈养殖行业；已经从事加州鲈养殖的单位，积累了一定的经验，能够较好地控制成本，将扩大生产规模，期望获取更多的利润。因此，预测 2023 年加州鲈的养殖规模将再上一个新台阶，全国大多数省市都有不同模式的加州鲈养殖。

2. 颗粒饲料使用更加普遍 2022 年农业农村部继续推进实施水产绿色健康养殖技术推广"五大行动"，逐步用配合饲料替代幼杂鱼投喂，在加州鲈主要养殖区域均取得较好

效果。由于加州鲈全程使用颗粒饲料取得突破，2022 年参与实施配合饲料替代幼杂鱼行动的养殖大口黑鲈试验基地，配合饲料替代率达到 90％以上，加州鲈养殖者全面接受使用配合饲料养殖理念。因此，可以肯定配合颗粒饲料替代冰鲜鱼行动在加州鲈池塘养殖模式中将得到全面推广，加州鲈养殖颗粒饲料使用将更加普遍。

（奚业文）

乌鳢专题报告

目前我国乌鳢养殖产量达 5.48×10^5 吨，养殖分布集中于华东地区、中南地区和华南地区。广东省产量最高，占全国总产量的 51.64%。年产量 1 万吨以上的省份还有江西、浙江、山东、湖南、安徽、湖北和江苏。

为了解 2022 年全国乌鳢养殖生产形势，根据分布在山东、浙江、江西、广东和湖南5 省的 11 个采集点的养殖渔情信息采集数据，结合问卷调查、电话调查、现场走访及专家会商等方式开展乌鳢专题调查分析。总体上看，2022 年乌鳢采集点出塘量和出塘收入同比下降，价格呈现稳步增长趋势。

一、生产形势分析

1. 出塘量和销售收入同比下降，价格稳步上涨 2022 年，乌鳢采集点出塘量5 675.19吨，同比下降 46.14%；销售收入 1.31 亿元，同比下降 38.01%。综合出塘价格为 23.10 元/千克，同比增长 11.59%；从区域来看，除湖南省综合出塘单价下降外，其余四省均有不同程度上涨（表 3-19）。2022 年各月份价格基本稳定在 22 元/千克左右，12月最高达到 29.44 元/千克，处于近几年价格高位（图 3-22）。

表 3-19 2022 年各省采集点乌鳢出塘情况

省份	出塘量（吨）	销售收入（万元）	平均出塘单价（元/千克）
广东	2 272.83	4 241.83	18.66
江西	125.08	234.24	18.73
浙江	627.85	1 332.50	21.22
山东	2 627.61	7 262.35	27.64
湖南	21.82	40.24	18.44

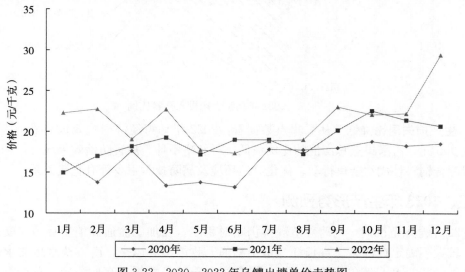

图 3-22 2020—2022 年乌鳢出塘单价走势图

2. 苗种投放费用同比减少

（1）苗种投放费用同比减少 受疫情影响，采集点生产规模略有压缩，苗种费用 1 533.79 万元，同比减少 48.95%。

（2）苗种供应有集中趋势 以山东为例，乌鳢苗种主要是来自微山县鲁桥镇。在另一养殖重点地区的东平县，由于乌鳢是"孵化容易育苗难"，其苗种的 60%～70% 也是来自微山县。从来源看，微山县 70% 左右的乌鳢苗种来自自繁自养，剩余苗种多数来自湖鱼育苗。

（3）苗种规格 就整个山东地区来看，80% 的养殖单位选择投放 3～5 厘米和 3 厘米以下的乌鳢苗种。主要原因是近年来乌鳢价格较低，利润空间小，乌鳢苗种价格较贵且价格与规格成正比，养殖户出于苗种成本考虑而选择规格较小的乌鳢苗进行养殖。

3. 生产投入同比减少 2022 年采集点生产投入共 7 098.14 万元，同比减少 38.45%，主要包括物质投入、服务支出和人力投入三大类，分别为 6 667.38 万元、235.97 万元和 194.79 万元，分别占比为 93.93%、3.32% 和 2.74%。在物质投入大类中，苗种、饲料、塘租费分别占比 21.61%、69.68%、2.14%。服务支出大类中，电费、防疫费分别占比 1.14% 和 1.92%。乌鳢养殖主要成本为饲料和苗种投入，占养殖生产投入的 91.29%。各生产成本比例如图 3-23 所示。

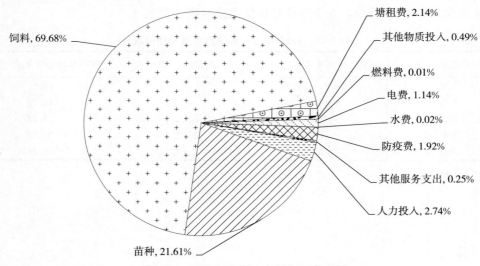

图 3-23 2022 年乌鳢生产投入要素比例

4. 生产损失同比降低 从采集点数据看，2022 年乌鳢经济损失 3 931 元，其中病害损失仅 900 元，占采集点总产值的比例极低，可忽略不计。病害防治效果显著，初步分析与开展配合饲料替代幼杂鱼行动、优化养殖环境及病防技术下乡等有直接关系。

二、2023 年生产形势预测

2022 年全国范围内，乌鳢养殖规模仍相对稳定，在加工流通和消费环节，受疫情影响存在较大不确定性因素。自长江"十年禁渔"政策实施以来，南方淡水鱼需求缺口较大。另外，2022 年乌鳢价格稳步上涨，局部区域养殖乌鳢规模有所缩减，总产量有所下降，故预计 2023 年乌鳢价格能够保持在 2022 年的平均价格水平。

三、存在的问题

1. 种质退化严重　目前乌鳢苗种批量繁育技术尚未有实质性进展，大部分生产者由于成本因素，采用自繁自育方式进行苗种生产，部分乌鳢养殖所需的苗种来源于野生环境，由于每代亲鱼之间的亲缘关系越来越近，引起种质退化，导致养殖成鱼规格差异较大，抗逆性减弱，饵料系数增加，间接影响到肉质口感。

2. 产品附加值较低　长期以来，乌鳢产业形成了"池塘－批发市场－消费终端"的消费链模式，产业链条相对较短，产品形式也以鲜活水产品为主，预处理少、生鲜消费多，此外，受众消费群体有限，造成产品附加值较低，在养殖利润空间日益缩减的趋势下，乌鳢养殖生产积极性受到一定影响。

3. 产业规模化程度较低　当前乌鳢养殖以散户为主，规模化程度较低，对新技术、新品种及新模式的认知接受能力稍弱，科技投入较低，在一定程度限制产业快速发展。乌鳢配合饲料广泛应用，也为规模化养殖奠定基础。

四、对策建议

1. 强化良种生产及推广体系　在做好原种种质保存的基础上，依托基层渔业技术推广体系，有计划地推广杂交鳢、抗细菌病等良种的选育技术。在监管层面，严格执行苗种生产许可制度，加强对各类育苗场的监管。使养殖户充分认识原、良种在养殖生产中的关键作用，避免种质混杂引起的种质下降。适度推进规模化养殖，建立良性生产机制。

2. 创新养殖模式　由于乌鳢经济价值较高，耐低氧并且适宜高密度养殖，在当前水产养殖绿色发展要求下，应积极探索池塘工程化循环水养殖技术、集装箱陆基推水养殖技术等新型养殖模式。这些模式不仅可以通过净化池、生态塘等功能区进行尾水处理，也可以利用湿地、稻田等进行尾水净化，有助于水体的循环利用和养殖尾水的达标排放，有效避免水产养殖环境的污染。

3. 推广配合饲料替代技术　深入开展乌鳢对蛋白质、脂肪、糖类、维生素、无机盐和有机酸等营养物质需求的基础研究，重点推广配合饲料替代幼杂鱼，替代率应不低于50%。开展配合饲料养殖乌鳢的转食驯化示范，广泛宣传人工配合饲料，消除养殖户疑虑。依托基层渔业技术推广体系改革与补助等项目，给予适当的物化补贴，减轻养殖户在购买配合饲料时的资金压力。

4. 重视病害防控　除市场价格波动外，病害损失依然是影响乌鳢生产经济效益的重要因素。在日常管理中，要坚持预防为主、防治结合的原则，利用光合细菌、芽孢杆菌等微生态制剂进行水质底质改良，利用石榴皮、五倍子、黄芩、山茱萸、地榆和芦荟等渔用中草药进行疫病防控。同时监管部门应加大对禁用药物的监督查处力度，避免出现水产品质量安全事件。

5. 提升产品加工水平　与大宗淡水鱼相比，乌鳢的市场价格相对较高，其消费对象大多为中青年消费者。由于消费群体的生活节奏较快，以往以活水鱼为主的产品形式已不能满足消费者需求。当前需要更多的开袋即食或经过预处理加工的预制菜产品，进一步丰富鱼片、鱼丸、鱼肉松等产品加工形式。此外应深入乌鳢药用保健、美容护肤、皮制品原料等非食用功能的基础研究，加大开发利用深度和广度，最大程度挖掘乌鳢的潜在价值，延长乌鳢产业链条。

（刘　朋　王　欣）

鲑鳟专题报告

一、采集点基本情况

全国共设置 5 个鲑鳟养殖信息采集点，其中吉林省 3 个，辽宁省 2 个。2022 年鲑鳟养殖渔情分析仅以吉林省设置的 3 个信息采集点的实际上报和调查数据进行。

吉林省 3 个鲑鳟养殖信息采集点分别位于白山地区的临江市、江源区和抚松县，养殖水域总面积 28.5 亩。其中，临江市金鲨冷水鱼养殖农民专业合作社，养殖水域面积 10.5 亩；白山市森源养殖有限责任公司，养殖水域面积 10.5 亩；抚松县泉水名贵鱼养殖有限公司，养殖水域面积 7.5 亩。3 个采集点鲑鳟养殖品种主要包括细鳞鲑、太门哲罗鲑、鸭绿江茴鱼、花羔红点鲑、远东红点鲑（白点鲑）、美洲红点鲑（七彩鲑）、虹鳟（二倍体和全雌三倍体）和金鳟（二倍体和全雌三倍体）等，养殖方式均为流水水泥池塘。

二、生产形势

1. 苗种投放情况　由于缺乏资金，加之养殖面积有限和投入成本提升，吉林省 3 个采集点，2022 年共投放苗种 85 万尾，相比 2022 年投放 130 万尾，同比下降 34.62%。投苗量降低的主要原因：一是受疫情影响，每年的销售量较少，没有闲置资金来投入；二是鉴于不利客观因素的不确定性增多，采集点对苗种的投入有所顾虑，担心养殖和销售出现问题，增加养殖风险。在 3 个采集点投放的苗种中，细鳞鲑、太门哲罗鲑、鸭绿江茴鱼、花羔红点鲑、远东红点鲑（白点鲑）、美洲红点鲑（七彩鲑）、虹鳟（二倍体）和金鳟均以自繁自育的方式投入养殖生产，共计投放 70 万尾；虹鳟（全雌三倍体）和金鳟（全雌三倍体）以外购发眼卵进行人工孵化的方式进行养殖生产，共计投放 15 万尾。

2. 出塘情况　2022 年，3 个采集点共出塘鲑鳟 30.52 吨，同比减少 38.06%，主要原因为受疫情影响，为降低养殖成本投入，采集点在 2021 年预留的苗种数量下降，同时销售运输也受到一定限制。全年出塘苗种近 100 万尾，除了正常用于商品鱼生产的销售之外，以增殖放流出塘的苗种占比较大，分别为 20% 和 80%。在 1 月，由于临近春节，市场消费需求短暂上升，美洲红点鲑（七彩鲑）、虹鳟（二倍体、三倍体）和金鳟等品种出塘量达到一个小高峰，采集点共出塘适宜规格的商品鱼 6.84 吨；2—4 月，出塘量出现回落，与市场消费量下降、企业留存一定量的商品鱼等因素有关。5 月开始，随着进入主养殖期，出塘量开始增加，出塘规格主要以苗种为主，大部分用于增殖放流和大规格苗种培育生产。10—12 月，受疫情影响，市场消费需求出现下降，采集点出塘数量减少，同时随着国家对疫情的分类管理措施新要求，采集点也将现存塘鲑鳟预留作为 2023 年的生产量，个别采集点还从外购进一部分鲑鳟来进行补充。

3. 鲑鳟养殖和销售情况　3 个采集点鲑鳟养殖类型均为苗种培育和成鱼养殖，在现有已开发养殖品种中，虹鳟（全雌三倍体）、金鳟（全雌三倍体）是从国外和甘肃省水产研究所及中国水产科学研究院黑龙江水产研究所引进发眼卵进行人工培育外，其余品种均为采集点利用自有亲本开展自繁自育生产。考虑市场需求和养殖周期、投入产出比等客观因素，总体来说，美洲红点鲑（七彩鲑）和虹鳟（全雌三倍体）养殖规模和养殖量较大，占所有已养殖品种总产量的 60％以上；在销售方面，受 2021 年存塘量下降、市场需求上升影响，虹鳟（全雌三倍体）、美洲红点鲑（七彩鲑）、哲罗鲑等大众品种成鱼和苗种的需求量不断提高，市场价格呈现出一定的波动，但总体价格高于 2021 年。采集点全年共实现销售金额 106.35 万元，与 2021 年销售金额持平，平均单价为 34.85 元/千克，同比增长 56.9％。细鳞鲑、花羔红点鲑、鸭绿江茴鱼等土著品种相比虹鳟（金鳟）等常规品种养殖周期较长、养殖成本较高，再加上其地域分布的特殊性，大规格苗种和成鱼产量不高，生产的大部分苗种以增殖放流的形式在省内销售，在满足本地需求基础上，少部分大规格苗种和成鱼同时也供应黑龙江、辽宁等省份，但整体销售量不大，价格保持在 80～100 元/千克。

4. 养殖成本情况　采集点全年合计投入养殖成本 124.00 万元，主要包括物质投入、服务支出和人力投入三部分，其中物质投入 62.48 万元，占比 50.39％；服务支出 5.73 万元，占比 4.62％；人力投入 55.80 万元，占比 45.00％。其中在物质投入方面，由于采集点投放的苗种大部分为自繁自育，所以饲料成为占比较大的支出，据统计，全年饲料投入占比达到 95％。吉林省 3 个采集点均投喂鲑鳟专用商品颗粒饲料，鉴于饲料原料成本的提升，饲料价格销售均价在 1.2 万元/吨左右，部分添加虾青素等功能性成分的饲料价格相比高出 2 000～3 000 元/吨，但不同饲料生产厂家由于原料进口渠道、进口方式、蛋白含量等的不同，价格略有差异。目前，随着鲑鳟专用饲料加工工艺的提升和饲料本身营养配比均衡的特点，同时配合精准投喂技术的应用，全年养殖周期饵料系数可控制在 1.3 以内，部分品种饵料系数达到 1～1.2。此外，在服务支出方面，电费仍为较大支出，占比达到 93.6％；人力投入方面，3 个采集点均以本场长期雇用的人员为主要劳动力，在主要生产季节，会临时雇用少量人员辅助开展生产，两者占比分别为 77.06％和 22.94％。

5. 病害发生情况　吉林省 3 个采集点全年未发生病毒性疫病。在其他可监测可治疗疾病方面，部分品种偶尔发生水霉病，采集点养殖鱼类死亡量较 2021 年显著下降，同比下降 60％。主要原因：一是在省总站连续几年在 3 个采集点组织实施了"鲑鳟健康养殖技术""精准用药技术示范"等省级水产技术推广项目，通过项目的实施，企业人员健康养殖的生产意识不断提升，采集点在病害防疫方面，从养殖条件改善、疫病防控措施、苗种生产管理和人员知识更新及技术能力提升等方面都相较以往有了大幅提升，为有效预防鲑鳟疫病发生提供了条件保障。二是连续多年将 3 个采集点列为全省水产绿色健康养殖技术推广"五大行动"中水产养殖用药减量行动的省级推广骨干基地，通过应用药敏试验，针对性开展疫病防控，有效预防和提升了水霉病、溃烂病等真菌性和细菌性疾病及三代虫等寄生虫性疫病的发生和蔓延。

三、存在的问题

1. 养殖利润空间不断缩减，企业养殖热情不高　近年来，国际国内多重不确定因素增多，同时，随着养殖用劳动力、饲料原料等刚性投入成本的上升，鲑鳟养殖利润也越来越少。企业对鲑鳟的养殖前景和预期效益都心存顾虑，为规避或降低养殖风险的发生，短期内仍缺少信心来稳定提高养殖投入。

2. 现有养殖品种认可度不高，缺乏适销对路的养殖品种和高附加值的销售形态 采集点已开展养殖的虹鳟、七彩鲑等品种受地域、气候、水温的影响，养殖成本远高于其他周边省份，销售价格与周边省份相比又较低，缺乏有力的市场竞争力。大部分土著品种虽然具有较好的养殖性状和发展潜力，且产品品质较好，但除了本地外，省外市场的认可度不高，整体开发力度较小。同时，还存在养殖成本投入高、销售价格高、市场接受程度小等问题。在销售形式上，现有养殖品种多以鲜活形式进行单一状态销售，产品的深加工能力不足，无法进一步提升产品的附加值，制约了产业的高效发展。

3. 亲本质量不高，支撑后续发展的能力尚显不足 吉林省 3 个采集点部分用于繁育的土著品种亲本开始出现种质退化，免疫力低下，有必要也有意愿开展亲本野化训练，但由于缺乏这方面的资金扶持，亲本每年用于生产后死亡量较高，给今后苗种生产带来不利影响，同时苗种生长周期缩短，性成熟时间提前，从受精到仔鱼培育等各阶段成活率也较低，往往靠提高生产量来提升存塘数量，苗种质量普遍不高。

4. 推动产业发展的原生动力严重不足 由于采用流水池塘进行养殖生产，对基础设施的投入较大，有的采集点池塘数量受水量、土地的限制，养殖面积无法扩大，养殖产量无法增加，虽然随着设施渔业的发展，对上述自然资源的依赖性降低，但改造新的发展模式，一次性投入成本较大，单靠企业自身发展无以为继，养殖单位除保证正常的养殖费用外，没有充裕的资金投入开展养殖。地方政府虽然出台了支持鲑鳟产业发展的规划和建议，但各级财政均比较困难，在政策、资金扶持方面，力度严重不足，无法为产业持续发展提供稳定的基础保证。

四、2023 年养殖趋势预测

为加快推进吉林省以冷水性鱼类为代表的地方特色资源发展，吉林省人民政府出台发布了《关于推进渔业高质量发展的意见》，提出推进渔业高质量发展的 16 条具体措施，省农业农村厅也出台《吉林省渔业发展"十四五"规划》，在优化渔业产业结构方面均明确提出"加快发展冷水鱼等名优特色品种增养殖，提高特色水产品的综合效益"，从顶层设计上为助推鲑鳟的健康快速发展提供了政策保障。同时，在省级乡村振兴专项资金项目及渔业发展支持政策项目等支渔惠渔补助资金项目扶持下，2023 年吉林省鲑鳟生产主体养殖热情会有大幅提振，土著品种和外来引进品种的养殖规模将有所增加，养殖产量也会有较大提升。

（李　壮　杨质楠）

海水鲈专题报告

一、监测点设置情况

2022 年全国海水鲈养殖渔情监测点（以下简称"监测点"）共 7 个，分布于浙江（温岭市 1 个，象山县 1 个）、广东（斗门区 2 个，饶平县 1 个）和福建（福鼎市 1 个）。监测面积有海水池塘 10 公顷，普通网箱 104 083 米²。

二、生产形势的特点分析

1. 销售量、销售额、综合销售价格

（1）销售量 2022 年海水鲈销售总量为 6 216.38 吨，销售量走势受时间（月份）影响明显。全年销售量最低点在 2 月，为 271.23 吨；全年销售量最高点在 12 月，达 918.78 吨（图 3-24）。

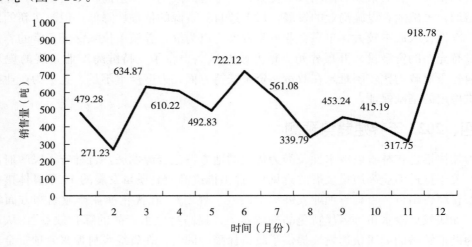

图 3-24 海水鲈销售额走势图

（2）销售额 2022 年海水鲈销售总额为 2.64 亿。销售额在 2 月经历最低点，为 1 165.78 万元；12 月销售额达到顶峰，为 3 703.56 万元（图 3-25）。

（3）销售价格 2022 年海水鲈价格走势较为平稳，全年均价维持在 36 元/千克以上。全年最高均价出现在 8 月，为 46.22 元/千克；1 月海水鲈均价最低，为 36.18 元/千克（图 3-26）。

2. 养殖生产投入情况 2022 年全国海水鲈养殖监测点生产投入 1.75 亿元。其中，物质投入 1.58 亿元，占比最高，超过 90%；人力投入为 995.58 万元；服务支出 708.98 万元。

在物质投入中，主要生产投入是饲料投入（1.21 亿元）、苗种投入（2 158.99 万元）和塘租费（1 509.31 万元），其中最主要的是饲料投入。

在服务支出中，主要投入为电费（433.86 万元）和防疫费（194.52 万元），说明海水

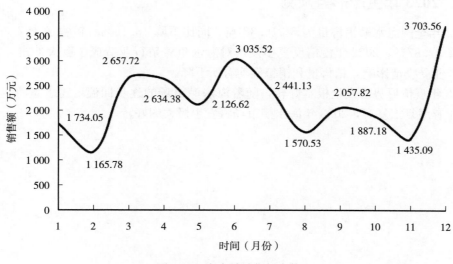

图 3-25　海水鲈销售额走势

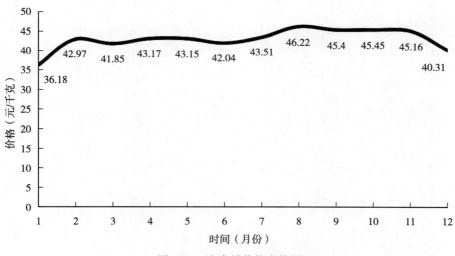

图 3-26　海水鲈价格走势图

鲈养殖生产是一个高能耗的过程。与此同时，疫情的暴发给海水鲈养殖行业造成了严重的经济影响。

在人力投入中，主要人力投入集中在本户（单位）人员（864.23 万元），反映出海水鲈养殖行业以单位（公司）为主，个体户规模占比较小的特点。

3. 养殖损失　2022 年海水鲈养殖受灾损失 52.20 万元。其中，由病害引起的损失为 43.26 万元，占比 82.87%；由其他灾害引起的损失为 8.94 万元，占比 17.13%。

由病害引起的损失主要集中在 4—7 月，提示在海水鲈养殖的过程中，4—7 月是病害多发月份，应当采取防治措施降低病害发生率。

三、2023 年生产形势预测

2022 年全国海水鲈销售量为 6 216.38 吨，同比下降 16.16％；销售额为 2.64 亿元，同比下降 12.87％。2022 年疫情反复多发，对海水鱼养殖行业造成了巨大冲击。2022 年海水鲈产业受疫情影响，销售量和销售额均有所下降。

2023 年疫情形势已发生根本好转，随着海水鲈市场的逐步回温，需求量将上升，海水鲈行业有序复工复产，2023 年海水鲈市场将发生极大的好转。

（麦良彬）

大黄鱼专题报告

一、大黄鱼主产区分布

我国大黄鱼养殖主产区为福建省，广东省和浙江省少量养殖，江苏省和山东省零星养殖。《2022中国渔业统计年鉴》数据显示，2021年，我国大黄鱼养殖总产量25.4万吨，其中，福建省、浙江省、广东省的产量分别占83.1%、12.6%、3.9%。

2022年，全国大黄鱼养殖信息采集点集中在福建省、浙江省，12个采集点总数不变：福建省采集点7个，分布在福鼎市、霞浦县、蕉城区；浙江省采集点5个，分布在苍南县、椒江区、象山县。大黄鱼养殖模式主要有筏式网箱养殖、围网养殖、大网箱养殖、离岸大型设施养殖等。目前，福建省大黄鱼网箱养殖区域主要集中在宁德市三沙湾、福鼎市沙埕港等地，这些区域采集点生产情况代表性较强，采集点信息基本可以反映我国大黄鱼养殖总体渔情。

二、2022年全国大黄鱼养殖生产形势

1. 养殖总体规模保持稳定 大黄鱼养殖对温度要求较严，浙江、闽南、广东等地大黄鱼养殖成活率较低、成本较高，养殖规模不大。据调研，近几年，福建省大黄鱼养殖规模较稳定，主要集中在闽东三沙湾海域，全长4厘米以上大黄鱼苗种生产量约36亿尾，其中，宁德市蕉城区15亿尾、福鼎市15亿尾、罗源县2.9亿尾。因缺乏科学的养殖规划，并受到港口开发和海域环境污染等影响，适合大黄鱼养殖的海域呈减少趋势，但目前大黄鱼养殖总体规模保持稳定。

2. 大黄鱼养殖成本略有上升 大黄鱼的生产投入中，饲料费用占总生产投入的84.6%，苗种费用占总生产投入的5.1%，人员用工费用占总生产投入的4.5%，其他费用如固定资产折旧、渔药、水电燃料、保险和水域租金等占总生产投入的5.8%。

随着大黄鱼养殖技术的不断提高，大黄鱼养殖生产过程中饲料占总成本80%以上。通常当冰鲜杂鱼价格高于3元/千克时，大部分养殖户会选择少投冰鲜杂鱼、改喂配合饲料，饲料成本、人员工资成本等随之提高，大黄鱼养殖成本略有上升。

据调研，福建省宁德市正常情况下每千克大黄鱼成本至少需要25元，其中，饲料费21元，人员工资1.5元，苗种费1.5元，其他的水电费、水域租金、贷款利息等合计1元，与全国养殖渔情监测系统中大黄鱼生产各项投入占比数据基本吻合。

3. 大黄鱼商品鱼出塘价格略有下降 大黄鱼价格主要受规格和季节影响。不同规格的大黄鱼，市场价格略有不同，规格越大价格越高。由于台风、病害等多重因素，2022年大黄鱼市场行情在不同季节呈现较大波动。2022年春节期间，市场对大黄鱼需求量有所上升，价格开始上涨，8月左右普遍迎来一波回落。秋季水温适宜，大黄鱼生长速度快，禁渔期市场上海水鱼供应量缩减，价格相对稳定。2022年由于新冠疫情造成的交通运输不便和餐饮消费低迷，导致大黄鱼价格相比2021年低，大黄鱼养殖出现了低迷亏损行情（表3-20）。

表 3-20　2021—2022 年普通网箱养殖大黄鱼出塘价格走势

（规格：400~500 克/尾）　　　　　　　　　　　　　　　单位：元/千克

年份	1 月	2 月	3 月	4 月	5 月	6 月	7 月	8 月	9 月	10 月	11 月	12 月	均价
2021 年	24	27	30	32	32	32	32	30	29	28	25	25	28.8
2022 年	25	26	26	27	27	27	32	30	32	30	29	27	28.1

2022 年，大黄鱼商品鱼均价比 2021 年下降约 2.4%。1—6 月大黄鱼商品鱼由于存量多，价格比 2021 年同期下降 10.8%；7—12 月大黄鱼商品鱼价格开始上升，价格突破 30元/千克，止跌转涨，涨幅 6.4%（图 3-27）。

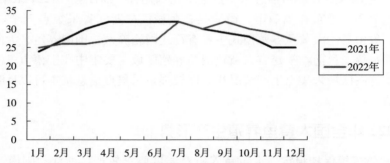

图 3-27　2021—2022 年普通网箱养殖大黄鱼出塘价格走势（单位：元/千克）

（规格：400~500 克/尾）

4. 拓展大黄鱼深远海养殖新模式　近年来，"国信 1 号""宏东 1 号""长鲸 1 号"等一批高端深远海养殖装备的创新研发与养殖生产实践，极大地推动了我国大黄鱼深远海养殖业的发展。在常规网箱养殖大黄鱼售价未走出低迷的情况下，深水抗风浪大网箱养殖、围网仿生态养殖、离岸设施养殖、深远海养殖等方式养成的大黄鱼，一直保持在较高价位。以连江县筱埕镇"定海湾 1 号"、"定海湾 2 号"养成的大黄鱼为例，一条 0.6~0.75千克的大黄鱼，每千克批发价达 140 元（表 3-21），而同期普通鱼每千克 56 元左右。由此可见，推广大黄鱼先进养殖模式，多方位打造品牌，整体提升养殖大黄鱼品质和效益，是推进大黄鱼养殖业持续健康发展的方向。

表 3-21　深远海养殖大黄鱼价格表

产品名称	规格	批发价	零售价
深海大黄鱼	0.6~0.75 千克	140 元/千克	200 元/千克
深海大黄鱼	0.8~0.9 千克	160 元/千克	240 元/千克
深海大黄鱼	0.95~1.05 千克	180 元/千克	280 元/千克
深海大黄鱼	1.1~1.25 千克	220 元/千克	320 元/千克
深海大黄鱼	1.3~1.45 千克	360 元/千克	460 元/千克
深海大黄鱼	1.5 千克以上	860 元/千克	1 000 元/千克

5. 配合饲料产量、销售量和价格同比上涨　2022 年，福建省大黄鱼配合饲料销售量约 12 万吨，其中，宁德地区约 10 万吨，销售价格在 0.8 万~1.4 万元/吨。由于国家大力推广配合饲料替代幼杂鱼，配合饲料产量、销售量有所增加，同时由于原材料价格上涨

且紧缺，配合饲料价格同比上涨。配合饲料的使用不仅减少了大黄鱼养殖对捕捞杂鱼的依赖，减轻了近海捕捞对渔业资源的压力，同时还减少了氮磷的排放，保护了渔业生态环境，生态效益显著。

6. 气候条件比较适宜，病害发生同比较少 2022年大黄鱼养殖过程中主要病害有内脏白点病、刺激隐核虫病、白鳃病、虹彩病毒病等。1—4月多为内脏白点病，小苗阶段易得盾纤毛虫病；6月下旬易暴发刺激隐核虫病，造成鱼类摄食量下降；7—8月，中苗易患白鳃病，小苗易出现虹彩病毒病；9—12月，因水温下降病害减少，鱼苗多患溃疡病，出现烂头烂尾现象；12月上旬小部分鱼苗易出现内脏白点病。

三、2023年生产形势预测

市场利润和政策引导是影响大黄鱼养殖生产的主要因素。根据2022年大黄鱼养殖生产形势特点，综合分析各主产区的生产情况，预计2023年生产形势向好。

总体看，大黄鱼市场价格主要受规格、季节等因素导致的供需变化影响。从市场需求看，中国人素有喜食大黄鱼的传统，国内大黄鱼市场稳定。同时，随着全面放开疫情管控，在流通环节和终端消费市场复苏的带动下，预计2023年大黄鱼需求量将增大，价格或将稳中有升。

四、对策建议

1. 注重科学管理，把握市场动向 由于大黄鱼养殖多在海面，受台风影响较大，6—8月是大黄鱼行情较好的时间段，也是台风高发期，养殖户应时刻关注天气情况，注意抗台风措施及灾后自救工作。夏季同时也是病害高发期，应合理科学管理大黄鱼养殖生产，多关注市场行情，及时出鱼，提高养殖效益。

2. 调整养殖模式，提高养殖效益 大黄鱼主要以网箱养殖为基础，还包括池塘、围网、湾外大网箱以及室内循环水等多种养殖模式，形成了大黄鱼产品差异化格局，这些养殖模式提供了90%的大黄鱼产量。而改大、改深后的部分网箱和深远海养殖等模式，为社会不同群体提供了约占大黄鱼总产量10%的高品位、高价格的特色产品。

3. 探索精深加工，提升品牌价值 拉长大黄鱼产业链条，鼓励发展大黄鱼精深加工，既增加大黄鱼的销售量，又提高大黄鱼的附加值。大黄鱼加工产品价格上升同时收购价水涨船高，养殖户利益也得到了保障。建议以大黄鱼全产业链标准化为突破口，吸纳社会资金或者寻求财政支持，完善大黄鱼良种提质、加工提升、品牌增值等重点环节，通过调结构、提品质、塑品牌，推动大黄鱼优势特色产业做大、做强、做优。

4. 拓宽销售渠道，加快品牌打造 大力发展电商平台，拓宽销售渠道，让互联网成为大黄鱼产业发展的强大助推器，为大黄鱼产业不断注入新动能。培育一批品牌信誉高、市场竞争力强的大黄鱼品牌，迅速打开知名度。深度挖掘大黄鱼背后的文化价值，开发兼具文化价值和商业价值的文创产品，以此进一步推动大黄鱼产业融合发展，最终实现大黄鱼产业高质量发展。

（黄洪龙）

大菱鲆专题报告

一、产业概况

按照《2022 年中国渔业统计年鉴》数据显示，2022 年我国鲆类产量达到 11.38 万吨，与 2021 年产量基本持平。辽宁、山东产量分别达到 5.52 万吨和 4.09 万吨，占比分别为 48.51％和 35.94％，河北、福建、江苏、广东的产量占比分别为 5.88％、4.57％、4.54％和 0.51％。浙江也有零星分布。近年来，大菱鲆价格较低，养殖效益不高，产业规模略有缩减。

二、养殖生产概况

1. 销售价格同比略有下降　大菱鲆综合销售价格为 48.60 元/千克，同比下降 1.16％，基本与 2021 年持平。2020 年，受新冠疫情影响，大菱鲆价格长时间处于近几年较低水平，随着疫情影响减小，市场需求量增加，2021 年和 2022 年大菱鲆价格较以往有所上涨（图 3-28）。

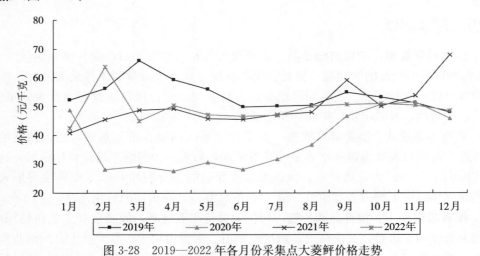

图 3-28　2019—2022 年各月份采集点大菱鲆价格走势

2. 出塘量和销售收入同比下降　采集点出塘量 252.98 吨，同比下降 9.27％，主要以条重 600 克的标鱼和统货为主；销售收入 1 229.53 万元，同比下降 10.31％。从近几年采集点数据看，2022 年出塘量处于近几年较低水平（图 3-29 和图 3-30）。

3. 生产投入同比下降　采集点生产投入共 1 683.22 万元，同比下降 11.21％，主要包括物质投入、服务支出和人力投入三大类，分别为 859.45 万元、480.71 万元和 343.06 万元，分别占比为 51.06％、28.56％和 20.38％。具体占比见图 3-31。分析可见，大菱鲆养殖生产投入主要是饲料、电费、人工投入和苗种费，其中苗种投入同比增长 2.52％，饲料投入同比下降 19.31％，主要是因为苗种价格上涨，采集点投苗量减少，饲料投入相应下降。

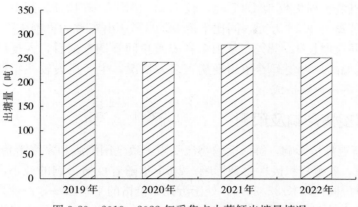

图 3-29　2019—2022 年采集点大菱鲆出塘量情况

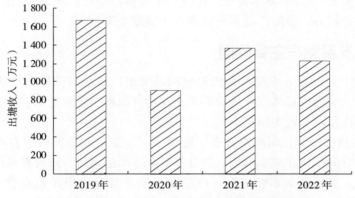

图 3-30　2019—2022 年采集点大菱鲆销售收入情况

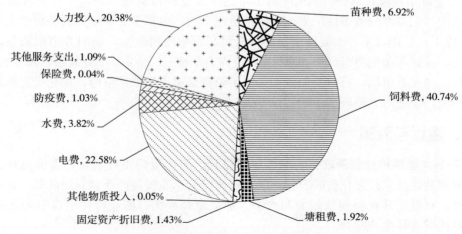

图 3-31　大菱鲆生产投入成本占比

4. 生产损失同比大幅下降　从采集点数据看，大菱鲆全年产量损失 51.06 吨（占出塘量的 20.18％），直接经济损失 54.27 万元，同比减少 74.90％。其中，江苏损失 50.00 吨（占总损失量的 97.94％），主要为自然灾害受损，经济损失 50.00 万元，同比减少

41.18％。采集点病害损失仅为 1.05 吨，较 2021 年下降 95.13％。其中，辽宁省病害损失 0.51 吨，经济损失 1.38 万元，同比下降 98.93％；山东省病害损失 0.55 吨，经济损失 2.89 万元，同比增长 42.38％。从山东省养殖户问卷调查来看，入夏以后受极端天气影响，养殖水温偏高，大菱鲆养殖出现病害多发情况，生产损失较往年加重。从总体来看，主要是大菱鲆出血病造成。

三、新冠疫情影响及预测

2020 年受新冠疫情影响，鲜活运输物流受限，致全国酒店和家庭消费大菱鲆量骤减，大菱鲆价格下跌，养殖户积极性受到影响。2021 年随着疫情影响的减小，市场需求量增加，出塘综合单价同比增长 32.21％，处于近几年价格的平均水平，产业发展有一定程度回暖迹象。2022 年出塘综合单价高于 2020 年，略低于 2021 年，受市场消费、运输等影响，产业发展规模与 2021 年基本持平，没有产生规模性增长。2023 年随着疫情结束，市场消费能力将有效提升，预测产能和价格将有小幅度上涨。

四、产业发展面临主要问题

1. 种质退化 近年来，大菱鲆种质退化问题突出，当前的苗种生产所用亲本主要是养殖大规格亲鱼。大菱鲆总体产业规模不大，在没有原种引进的情况下，尚未建立完整的苗种选育机制，优质苗种较为缺乏。

2. 养殖产品质优价低，利润空间小 近年来，大菱鲆成鱼价格一直不高，偶尔有一定程度反弹，长时间维持在成本附近，部分养殖户逐渐被淘汰。随着养殖规模的缩减，新技术的推广应用，养殖技术不断规范，产品质量明显提升，但是成鱼价格仍没有起色。2022 年价格虽较稳定，但部分养殖户出现病害，进一步压缩了养殖利润。

3. 大菱鲆销售模式单一，抗风险能力不足 大菱鲆自引进以来，一直是较高端的产品，受两次"大菱鲆药残事件"影响，价格迅速下跌，由每千克 300 元跌至百十元，再跌至 50 元以下。长期以来，大菱鲆销售的路径没有发生任何改变，仍旧为销售活鱼，主要销往酒店，且对养殖规格有严格要求（500 克左右规格）。2～2.5 千克规格的鱼生长更快，品质更佳，却没有市场，目前类似预制菜加工消费渠道市场依然空白，加之受之前媒体片面报道影响，企业对大菱鲆加工积极性不高。

五、建议与对策

1. 开展大菱鲆种业创新攻关 加强顶层设计，明确战略发展定位，凝练育种、繁育与养殖关键共性技术，强化科研合作，联合科研院所、高校及产业创新团队等，开展育种合作研究，有效提升育种创新能力和水平。加强原良种场、商业育种平台等种业基地建设，提升优质苗种生产能力。

2. 加强疾病预防及检测体系建设 从采集点数据看，大菱鲆病害造成的生产损失依然不容忽视。目前我国养殖大菱鲆已有 10 余种明显流行疾病，其中以细菌性疾病对产业的危害尤为突出。在日常生产中，根据水质条件、换水量、苗种规格、饵料质量等因素合理确定养殖密度，保持优良的养殖水环境，科学使用微生态制剂等。在此基础上，应装备必要的水质测定、疾病诊断仪器设备和工具等，建立疾病检测实验室，为健康养殖和疾病监控提供条件。

3. 推进标准化生产 全面推行健康、安全养殖的操作规范，重点加强对养殖生产行为的管理，建立养殖生产档案管理制度，对苗种、饲料、渔药等投入品和水质环境实行监控，促使各个环节都要遵循相应标准。同时依据 ISO 9000 质量标准体系，推行质量认证工作，在全行业贯彻 HACCP 制度，实现产品标准化。探索建立大菱鲆相关团体标准，加强行业自律。充分依托渔业推广体系，开展大菱鲆健康养殖技术的指导和培训，不断提高养殖生产者的素质。

4. 重视节能减排技术的应用 今后对养殖水域污染的防御和治理力度逐年增大，大菱鲆养殖环保成本压力加大。为此应开展工厂化循环水、多品种生态健康养殖、微生态制剂水质调控等节能减排技术推广，可有效减少养殖生产的污染物排放。通过报刊、网络和培训等各种形式增强管理者、生产者和基层渔民的节能减排意识。

5. 着力挖掘消费市场 目前，大菱鲆还没有形成全国性消费市场，从地域上看，消费市场主要集中在南方大中型沿海城市，北方和内陆地区消费起步较晚。从消费主体上看，酒店仍然是消费主体，家庭消费较少。从业者应加大大菱鲆的营销宣传，积极拓展电子商务、生鲜超市等新型销售渠道。开发加工预制品，重点挖掘家庭消费潜力，为大菱鲆增添新的发展动能。

（李鲁晶）

石斑鱼专题报告

一、主产区分布及总体概况

我国石斑鱼养殖主要分布在广东、海南、福建和广西等南方沿海省份。养殖品种主要包括青石斑鱼、斜带石斑鱼、鞍带石斑鱼、褐点石斑鱼、东星斑（豹纹鳃棘鲈）、老鼠斑（驼背鲈），及杂交品种珍珠龙胆石斑、杉虎斑等。石斑鱼养殖模式主要有池塘养殖、网箱养殖和工厂化养殖三种。近年来，我国海水养殖石斑鱼产量呈逐年上升之势。

2022 年，全国石斑鱼养殖渔情信息采集点主要设置在广东、海南、福建和广西 4 个主产区省份，共有 10 个采集点，比 2021 年增加了 1 个采集点。其中，海南有 3 个采集点，分布于 3 个市（县）；广东有 3 个采集点，分布于 3 个市（县）；福建为 3 个采集点，均在 1 个县；广西有 1 个采集点。

二、养殖生产形势分析

1. 出塘量、销售收入情况 采集点数据显示，2022 年全国海水养殖石斑鱼出塘量 503 290 千克，比 2021 年增加 30.80%；销售收入 2 846.49 万元，同比增长 28.34%。其中，广东省采集点石斑鱼出塘量和销售收入均为最高，出塘量为 270 000 千克，同比增长 29.22%；而销售收入为 1 802.00 万元，同比增长 32.66%。综合全国各地石斑鱼养殖整体情况，2022 年虽然受新冠疫情等因素的影响，但因市场行情好转，养殖户积极性高，产量稳中有增，市场价格总体维持高企态势，因此出塘量和销售收入较 2021 年均有较大的增长。

2. 成鱼价格变化情况 2022 年，全国海水养殖石斑鱼采集点综合单价为 62.25 元/千克，比 2021 年增长 8.0%。其中，出塘价最高是福建，综合单价 71.53 元/千克，比 2021 年增长 4.93%；其次是广东，综合单价 66.74 元/千克，比 2021 年增长 2.66%；海南位居第三，综合单价 51.47 元/千克，比 2021 年增长 55.97%，增幅最大；广西综合单价最低为 31.59 元/千克。全国综合单价基本维持在 50~72 元/千克。

2022 年，受节假日、新冠疫情等因素的影响，石斑鱼全年价格跌宕起伏，上、下半年各有一个小高峰，先跌后涨呈 V 字形走势。1—3 月石斑鱼市场行情上行，价格呈现较大涨幅，部分地区一度达到 80 元/千克；4—5 月，价格下跌，最低至 50 元/千克；6—8 月，消费市场总体趋于平稳，石斑鱼价格逐渐回升，部分地区价格涨至 65 元/千克；9—10 月，消费市场呈现小幅回温，出塘量大增，致使价格有小幅下跌；11 月后，多个地区出现了疫情，市场的流通和消费受阻；12 月下旬，随着国内防疫政策的优化调整，市场回暖，价格逐渐回升，部分地区价格涨至 66~70 元/千克，而此时期石斑鱼存塘量偏少，因此价格整体呈现高企的态势。

养殖监测点数据对比显示，经历了疫情困境后，2022 年石斑鱼市场逐渐复苏，市场需求量逐渐扩大，价格持续高企（图 3-32、图 3-33）。

3. 生产投入情况 石斑鱼养殖生产投入主要是苗种费、饲料费和人力投入。2022 年石

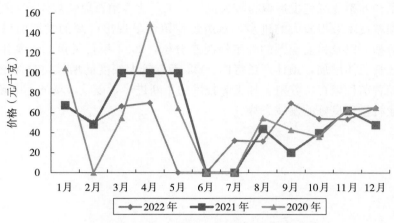

图 3-32 2020—2022 年石斑鱼综合单价走势

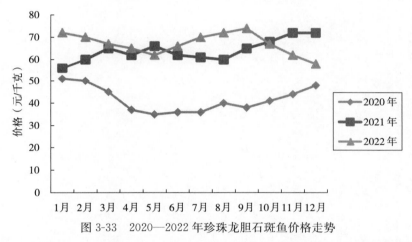

图 3-33 2020—2022 年珍珠龙胆石斑鱼价格走势

斑鱼采集点全年生产总投入 602.27 万元，同比增加 13.14％。其中，苗种费、饲料费、服务支出、人力投入分别为 285.02 万元、81.34 万元、31.43 万元和 117.26 万元，各占采集点全年生产总投入的 47.32％、13.51％、5.22％和 19.47％。数据分析表明，苗种费投入同比增长 15.93％，增幅最大。究其原因，主要是石斑鱼市场行情好转，激发了养殖者的积极性，石斑鱼养殖主产区中，广东、海南和福建的养殖规模与产量均较 2021 年明显增长。

4. 灾害损失情况 2022 年，全国石斑鱼采集点产量因灾害损失合计 1 745 千克，经济损失合计 12.52 万元（较 2021 年增加 7.27％）。其中病害损失 245 千克，计 2.56 万元（较 2021 年增加 16.67％）。石斑鱼养殖过程中病害仍然较为严重。烂身病是危害石斑鱼最为严重的病害之一，春季、夏季是此病的高发期；病毒性神经坏死病（又称"黑身病"）是严重危害石斑鱼苗期的病毒性病害。广东、海南部分地区的养殖场和育苗场，黑身病和烂身病的发病率高达 40％。

三、2023 年生产形势预测

石斑鱼养殖已成为我国海水养殖的重要产业之一。近年来，石斑鱼养殖生产空间布局得到优化，水产养殖业绿色发展取得较大进展，工厂化养殖石斑鱼规模不断扩大，产品加工、流通等领域技术取得较大的进步，石斑鱼养殖业呈现出广阔的发展前景。根据 2022 年采集点的数据，以及目前全国的养殖情况来分析，2023 年石斑鱼的养殖生产将稳中有增，苗种投放量总体增加，预计产量将比 2022 年有较大幅度的增长，总体价格同比将略涨或持平。随着苗种繁育、养殖、加工等技术的不断进步，以及市场的不断拓展，我国石斑鱼养殖产业将呈现良好的发展态势。

（赵志英）

卵形鲳鲹专题报告

一、2022年养殖渔情采集点情况

2022年，全国卵形鲳鲹渔情信息采集点共6个，其中海南3个，广西3个，分别在海南澄迈县、临高县和陵水县，广西东兴市、钦州市和北海市。以网箱养殖为主，主要包括港湾内传统网箱养殖和深水网箱养殖两种。

二、2022年生产形势分析

1. 生产投入 2022年全国卵形鲳鲹采集点苗种投入费为1 037.13万元，同比下降60.27%；其中，海南苗种投入费587.00万元，广西苗种投入费450.13万元。相比于2021年，海南和广西苗种投入费分别减少1 403.80万元和169.63万元，降幅为70.51%和27.37%（表3-22）。

表3-22 2022年全国采集点卵形鲳鲹苗种投放情况及与2021年同期对比情况

省份	苗种投入（万元）		
	2022年	2021年	增减率（%）
海南	587.00	1 990.80	−70.51
广西	450.13	619.76	−27.37
合计	1 037.13	2 610.56	−60.27

2. 出塘量、收入和平均单价 2022年全国采集点卵形鲳鲹养殖出塘数量、收入和平均出塘价格分别为6 240.00吨、16 150.20万元和25.88元/千克；出塘数量同比降幅为16.03%，出塘收入和平均出塘价格同比增幅分别为14.18%和36.00%（表3-23和表3-24）。

表3-23 2022年全国采集点卵形鲳鲹成鱼出塘情况及与2021年同期对比情况

地区	成鱼出塘情况					
	出售量（吨）			销售收入（万元）		
	2022年	2021年	增减率（%）	2022年	2021年	增减率（%）
全国	6 240.00	7 431.65	−16.03	16 150.20	14 145.11	14.18
海南	3 550.00	6 083.58	−41.65	9 285.00	11 522.54	−19.42
广西	2 690.00	1 010	166.34	6 865.20	1 753.6	291.49

表3-24 2022年全国采集点卵形鲳鲹成鱼平均出塘价格情况及与2021年同期对比情况

地区	综合出塘价格（元/千克）		
	2022年	2021年	增减率（%）
全国	25.88	19.03	36.00
海南	26.15	18.94	38.07
广西	25.52	17.36	47.00

3. 养殖损失 2022 年全国卵形鲳鲹采集点产量损失合计 145.00 吨，经济损失合计 204.00 万元。与 2021 年相比，产量损失和经济损失分别减少了 97.79％和 98.06％。采集点产量损失主要由自然灾害造成，占总损失量的 68.97％；病害损失占比为 31.03％。2022 年海南省采集点因病害造成的产量损失为 45.00 吨，同比下降 99.02％；因自然灾害造成的损失为 40.00 吨，同比下降 97.95％。卵形鲳鲹养殖主要受到台风、寄生虫病害影响较大，每年 8—11 月，台风过后，水质波动较大，易引发刺激隐核虫病害，导致网箱大量死鱼。

4. 卵形鲳鲹成活率下降 2022 年海南采集点网箱养殖卵形鲳鲹成活率为 50％，比 2021 年下降 10％。

三、2023 年生产形势预测

1. 投苗量会逐渐增加，而平均出售价格趋于稳定 2022 年卵形鲳鲹养殖投苗量和产量均下降，但是随着疫情放开以及广东等省份推出"年鱼经济"等措施，预计 2023 年卵形鲳鲹养殖投苗量会逐渐增加。

2022 年卵形鲳鲹销售价格逐渐回升，目前平均出售价格为 25.88 元/千克。随着投苗量增加，卵形鲳鲹产量逐步提升，预计 2023 年卵形鲳鲹平均出售价格将会趋于稳定。

2. 养殖病害损失会增加 随着市场回暖，投苗量不断增加，养殖病害损失会加大，养殖企业或者养殖户应该做好养殖病害防控措施，适当降低养殖密度，减少损失。

四、产业发展的对策与建议

1. 做好深水网箱养殖产业发展规划，严格控制养殖容量 做好深水网箱养殖产业发展规划，实施准入许可制度，切实有效控制区域养殖容量。

2. 建立网箱养殖卵形鲳鲹重大疫病预警预报系统及安全高效防控体系 加强对网箱养殖鱼类和水环境的实时监测，大数据分析养殖鱼类-水体-病害的关系，建立养殖区域预警预报系统；加大科研投入，建立网箱养殖卵形鲳鲹寄生虫病和弧菌病等重大疫病的防控技术体系，做好预防和应急处理措施，降低养殖风险，有效提高养殖效益。

3. 加强监管，保障网箱养殖卵形鲳鲹质量安全 加强监管，定期抽样检查，全面禁止养殖过程中使用违禁药品；引导养殖企业尽快建立水产品质量安全可追溯体系，全程跟踪养殖过程，保障水产品质量安全。

4. 多渠道宣传，打造品牌，提高产品价值 卵形鲳鲹为深水网箱养殖的主要品种，也是物美价廉的优质海产品，适合加工成各种口味的预制菜品，企业可以加大宣传力度，强化品牌建设，打造一批名特优产品，不断提高产品价值。

（涂志刚）

克氏原螯虾专题报告

一、采集点基本情况

2022年，全国水产技术推广总站在湖北、江苏、江西、湖南、安徽、河南等9个省份开展了克氏原螯虾（以下简称小龙虾）渔情信息采集工作，共设置采集点32个，采集点养殖规模2 168.60公顷。养殖方式包括稻虾综合种养和池塘养殖小龙虾两种。采集点共投放了价值628.10万元的苗种，累计生产投入8 133.67万元；出塘量4 177 077千克，销售额13 404.58万元；全国小龙虾出塘均价32.09元/千克。

二、2021年生产形势分析

1. 生产投入情况 2022年，全国采集点累计生产投入8 133.67万元，同比下降1.37%。其中，物质投入6 447.75万元，同比下降1.86%；服务支出594.79万元，同比下降18.92%；人力投入1 091.13万元，同比上升15.69%。各项投入情况详见表3-25。

表3-25 2022年全国小龙虾生产投入情况及与2021年同期对比

单位：万元

项目	2021年	2022年	增减率（%）
生产投入	8 246.94	8 133.67	−1.37
一、物质投入	6 570.22	6 447.75	−1.86
1. 苗种费	1 316.07	628.10	−52.27
2. 饲料费	2 787.03	3 813.50	36.83
3. 燃料费	15.48	12.10	−21.83
4. 塘租费	2 132.66	1 655.34	−22.38
5. 固定资产折旧费	293.06	306.78	4.68
6. 其他物质投入	25.92	31.93	23.19
二、服务支出	733.55	594.79	−18.92
1. 电费	204.30	224.64	9.96
2. 水费	29.04	16.84	−42.01
3. 防疫费	371.04	249.44	−32.77
4. 保险费	3.51	5.20	48.15
5. 其他服务支出	125.66	98.67	−21.48
三、人力投入	943.17	1 091.13	15.69
1. 本户（单位）人员费用	424.38	465.14	9.60
2. 雇工费用	518.79	625.99	20.66

从生产构成来看，2022 年全国采集点小龙虾生产投入中，物质投入占比 79.27%，服务支出占比 7.31%，人力投入占比 13.42%（图 3-34）。各项具体投入占比见图 3-35、图 3-36 和图 3-37。

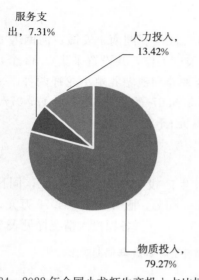

图 3-34　2022 年全国小龙虾生产投入占比情况

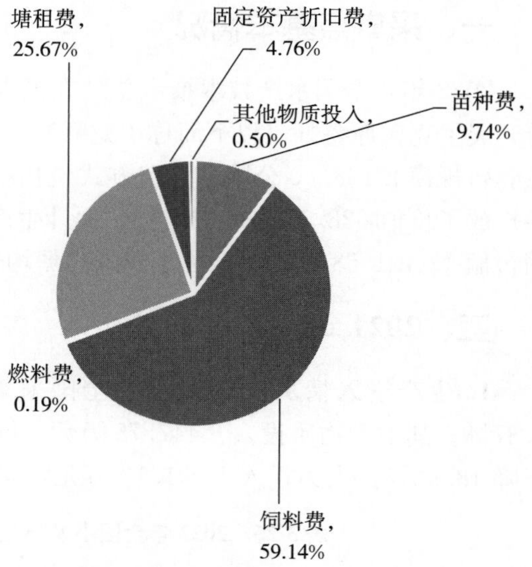

图 3-35　2022 年全国小龙虾物质投入占比情况

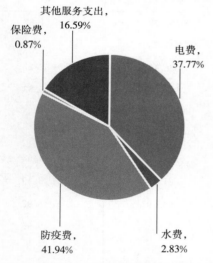

图 3-36　2022 年全国小龙虾服务支出占比情况

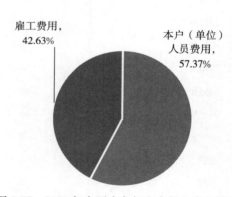

图 3-37　2022 年全国小龙虾人力投入占比情况

2. 产量、收入及价格情况　2022 年，全国采集点小龙虾出塘量 4 177 077 千克，同比下降 4.17%；销售额 13 404.58 万元，同比下降 1.02%。2022 年，全国采集点小龙虾主要出塘高峰期集中在 4 月、5 月、6 月，出塘淡季集中在 1 月、2 月、11 月、12 月。其中，5 月出塘量最大，达 1 729 782 千克，同比上升 3.75%；销售额 4 804.03 万元，同比上升 28.85%（表 3-26）。

表 3-26　2022 年各月份全国小龙虾出塘量和销售额及与 2021 年同期对比

月份	出塘量（千克）			销售额（万元）		
	2021 年	2022 年	增减率（％）	2021 年	2022 年	增减率（％）
1	422	355	−15.88	2.41	1.94	−19.50
2	90 405	3 173	−96.49	342.84	21.70	−93.67
3	53 995	72 656	34.56	274.83	372.18	35.42
4	690 953	352 772	−48.94	2 939.60	1 236.53	−57.94
5	1 667 237	1 729 782	3.75	3 728.37	4 804.03	28.85
6	971 285	1 096 721	12.91	2 995.87	3 085.00	2.98
7	404 234	220 780	−45.38	1 577.04	814.88	−48.33
8	220 144	253 724	15.25	857.67	1 196.64	39.52
9	81 603	182 673	123.86	363.43	833.43	129.32
10	172 498	259 688	50.55	412.18	1 023.46	148.30
11	5 694	4 369	−23.27	45.38	12.56	−72.32
12	503	384	−23.66	2.49	2.23	−10.44
合计	4 358 973	4 177 077	−4.17	13 542.11	13 404.58	−1.02

2022 年，全国采集点小龙虾全年出塘均价达 32.09 元/千克，较 2021 年 31.07 元/千克，上升 3.28％（表 3-27）。

表 3-27　2021—2022 年各月份小龙虾出塘价格

小龙虾	月度出塘价（元/千克）											
	1 月	2 月	3 月	4 月	5 月	6 月	7 月	8 月	9 月	10 月	11 月	12 月
2021 年	57.04	37.92	50.90	42.54	22.36	30.84	39.01	38.96	44.54	23.89	79.70	49.50
2022 年	54.65	68.39	51.22	35.05	27.77	28.13	36.91	47.16	45.62	39.41	28.76	58.07

三、结果分析

1. 生产投入分析　2022 年，小龙虾生产总投入小幅下降，物质投入、服务支出、人力投入占比变化不大，基本保持稳定。物质投入中，大宗商品价格持续上涨，饲料成本进一步增加；服务支出中，2022 年病害较少，换水、防疫投入需求降低，养殖户购买保险意识增强。

2. 产量、收入及价格分析　全年小龙虾出塘量、价格波动相对平稳，主要原因是随着小龙虾养殖模式的转型升级，小龙虾全年上市时间更加均衡，各月产量变动比较平滑；同时，随着加工业的发展，小规格小龙虾（0.1～0.2 千克）的市场需求增加，一定程度稳定了全年虾价。

四、2023 年生产形势思考

根据 2022 年小龙虾养殖的生产投入、出塘量、销售额的变化情况，预计 2023 年小龙虾养殖规模保持稳定。随着疫情放开，市场消费需求增加，加上小龙虾加工业的发展，预计 2023 年小规格小龙虾价格小幅上升，大规格成虾价格仍保持高位。

根据 2022 年小龙虾生产形势分析，有以下几点思考：①加强模式创新。传统小龙虾养殖模式日益饱和，面对新的生产形势，需要加快完善推广小龙虾"繁养分离"、大规格小龙虾养殖、探索稻虾轮作等养殖模式。②优化产业布局。根据小龙虾养殖分布，科学规划流通体系建设，加快推进产量大但流通设施较弱地区的基础设施建设。③升级加工设备。2022 年小龙虾加工业发展迅速，部分企业存在技术落后、设备不足等问题，下一步要加快推动小龙虾加工业向机械化、自动化、现代化转型，探索推进一只虾"吃干榨尽"的环保型加工产业链。

（易　珊）

南美白对虾专题报告

一、采集点有关情况

1. 淡水南美白对虾 2022 年，全国淡水养殖南美白对虾渔情监测在河北、辽宁、江苏、浙江、安徽、山东、河南、湖北、广东和海南 10 个省份设置采集点。监测面积 655.65 公顷，比 2021 年增加 281.86 公顷；其他养殖面积 64 公顷，较 2021 年增加 37.33 公顷；新增监测工厂化养殖面积 3 456 米^3 水体。

2. 海水南美白对虾 2022 年，全国海水养殖南美白对虾渔情监测在河北、浙江、福建、山东、广东、广西和海南 7 个省份设置采集点。监测面积 1 504.27 公顷，比 2021 年增加 692.54 公顷；工厂化养殖面积 20 000 米^3 水体，比 2021 年减少 86 000 米^3 水体。

二、生产形势的特点分析

从全国渔情采集点数据看出，2022 年淡水南美白对虾销售收入、数量、出塘价格、生产投入同比均下降；受灾损失增加 12.39%；海水南美白对虾销售额、销售数量、生产投入和受灾损失均同比下降，出塘价格同比增加。

（一）销售额、销售数量和综合销售价格

1. 淡水南美白对虾 淡水南美白对虾销售收入、销售数量、出塘价格分别为 6 942.00万元、1 667 吨和 41.64 元/千克；同比均有所下降（表 3-28 和表 3-29）。

淡水南美白对虾情况分析，从表 3-28 看出，江苏、安徽和辽宁等省份销售收入和销售数量同比增加，河北、浙江、山东、河南、湖北和广东等省份的销售收入和销售数量则同比下降。从表 3-29 看出，山东、河南、河北、辽宁、广东和江苏等省出塘价格同比上涨，其中，山东上涨幅度最大，为 29.17%；湖北出塘价格最高（60.00 元/千克），其次为广东（50.92 元/千克）。安徽、浙江和湖北等省出塘价格同比下降。

表 3-28 2022 年南美白对虾（淡水）销售情况及与 2021 年同期对比

省份	销售额（万元）			销售数量（吨）		
	2021 年	2022 年	增减率（%）	2021 年	2022 年	增减率（%）
全国	7 521.38	6 942.00	−7.70	1 785.10	1 667.00	−6.62
河北	1 606.25	1 545.08	−3.81	406.70	372.70	−8.36
辽宁	16.85	18.83	11.75	3.80	4.10	7.89
江苏	303.82	577.09	89.94	77.30	145.60	88.36
浙江	3 001.74	2 764.98	−7.89	684.90	667.40	−2.56
安徽	174.00	209.00	20.11	71.00	116.00	63.38
山东	732.85	469.26	−35.97	197.60	98.00	−50.40
河南	248.78	202.40	−18.64	59.30	39.60	−33.22

（续）

省份	销售额（万元）			销售数量（吨）		
	2021 年	2022 年	增减率（%）	2021 年	2022 年	增减率（%）
湖北	134.31	111.00	−17.36	22.20	18.50	−16.67
广东	1 281.90	1 044.36	−18.53	257.20	205.10	−20.26
海南	20.88	0.00	−100.00	5.10	0.00	−100.00

表 3-29　2022 年南美白对虾（淡水）综合平均出塘价格情况及与 2021 年同期对比

省份	综合平均出塘价格（元/千克）		
	2021 年	2022 年	增减率（%）
全国	42.14	41.64	−1.19
河北	39.50	41.46	4.96
辽宁	44.34	45.91	3.54
江苏	39.29	39.65	0.92
浙江	43.83	41.43	−5.48
安徽	24.51	18.02	−26.48
山东	37.09	47.91	29.17
河南	41.93	51.11	21.89
湖北	60.53	60	−0.88
广东	49.84	50.92	2.17
海南	41.27	0	−100.00

2. 海水南美白对虾　海水南美白对虾监测点销售收入、销售数量、出塘价格分别为 13 600.87 万元、2 415.9 吨和 56.30 元/千克；销售收入和销售数量同比下降，出塘价格同比增加（表 3-30 和表 3-31）。

海水南美白对虾情况分析见表 3-30，浙江、广西和海南三省的销售收入及销售数量均同比增加，其中，广西增幅最高，销售收入及销售数量分别同比增加 314.42% 和 61.49%；福建、山东及广东等省份销售收入、销售数量同比下降。受出塘价格影响，河北在销售数量下降的情况下，销售收入反而同比增加。从表 3-31 看出，全国仅浙江和福建的综合平均出塘价格下降了 10% 和 5.33%，而河北、山东、广东、广西和海南等省份综合平均出塘价格同比上涨，广西上涨幅度最高，为 85.95%。

表 3-30　2022 年南美白对虾（海水）销售情况及与 2021 年同期对比

省份	销售额（万元）			销售数量（吨）		
	2021 年	2022 年	增减率（%）	2021 年	2022 年	增减率（%）
全国	18 393.05	13 600.86	−26.05	5 101.70	2 415.90	−52.65
河北	980.49	1 035.89	5.65	187.00	160.40	−14.22
浙江	1 510.00	1 652.45	9.43	353.50	429.80	21.58
福建	912.60	860.39	−5.72	170.50	169.80	−0.41

（续）

省份	销售额（万元）			销售数量（吨）		
	2021 年	2022 年	增减率（%）	2021 年	2022 年	增减率（%）
山东	3 418.01	2 603.02	−23.84	1 108.10	639.10	−42.32
广东	9 832.21	1 091.33	−88.90	2 756.80	193.10	−93.00
广西	1 427.29	5 915.00	314.42	469.70	758.50	61.49
海南	312.45	442.78	41.71	56.10	65.20	16.22

表 3-31　2022 年南美白对虾（海水）综合平均出塘价格情况及与 2021 年同期对比

省份	综合平均出塘价格（元/千克）		
	2021 年	2022 年	增减率（%）
全国	36.05	56.30	56.17
河北	52.44	64.58	23.15
浙江	42.72	38.45	−10.00
福建	53.51	50.66	−5.33
山东	30.85	40.73	32.00
广东	35.67	56.51	58.42
广西	30.39	56.51	85.95
海南	55.67	67.93	22.02

近年来，"虾难养"的问题日益突出，养殖成活率和成功率低，已直接影响到南美白对虾养殖业的可持续发展。究其原因，主要有以下几点：①种的问题。由于南美白对虾进口亲虾受各种因素影响，种苗质量不稳定且数量、价格受制于人；而国内研发的南美白对虾新品种产能不足，市场占有率较低，导致种源问题日益突出。②饲料问题。饲料原料价格一直上涨，导致饲料价格也一路走高；另外，饲料质量良莠不齐，直接导致饲料系数增高，养殖成本增加。③病害问题。随着高密度、集约化养殖的流行，养殖环境逐渐复杂化，病害类型也呈现出多样化的发展趋势，病害频发直接导致养殖成功率降低。④自然灾害问题。受极端恶劣天气影响，自然灾害频发，加之现在大多数南美白对虾养殖依旧是露天养殖，"靠天吃饭"越来越艰难。

从 2022 年市场表现来看，有以下几个特点：①在全国南美白对虾养殖主产区——华南地区，因病害频发造成养殖成活率低，养殖成本高、市场价格低导致收益不理想，许多养殖场为降低生产成本，实施鱼虾蟹生态混养，或者转养其他鱼类品种，造成投苗量下降。②华东及华北地区因水产绿色健康养殖五大行动的推进，整治、改造养殖池塘，限制温室和温棚养虾尾水直排，禁止使用燃煤锅炉等，导致养殖规模压缩。③受新冠疫情影响，养成的虾无人收，大量虾存池压塘；饲料运输受到影响，池塘里的虾营养不良，虾病频发；造成出塘价格和出塘量断崖式下跌。

（二）养殖生产投入情况

全国淡水南美白对虾监测点生产投入 6 060.71 万元，同比减少 2.5%。其中，物质投入 4 604.07 万元，占生产投入的 75.97%；服务支出 876.11 万元，占生产投入的 14.46%；人力投入 580.53 万元，占生产投入的 9.58%（图 3-38）。物质投入中，饲料费占比最大，为 54.46%，其他各项占比见图 3-39。

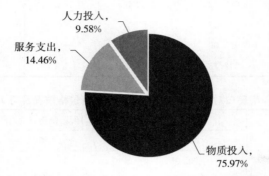

图 3-38　南美白对虾（淡水）生产投入比例构成情况

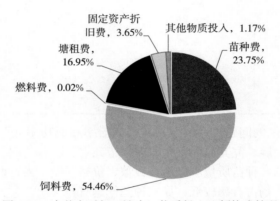

图 3-39　南美白对虾（淡水）物质投入比例构成情况

　　全国海水南美白对虾监测点生产投入 8 064.40 万元，同比减少 40.80%。其中，物质投入 6 319.24 万元，占生产投入的 78.36%；服务支出 727.43 万元，占生产投入的 9.02%；人力投入 1 017.73 万元，占生产投入的 12.62%（图 3-40）。物质投入中，饲料费占比最大，为 58.44%。其他各项投入占比见图 3-41。

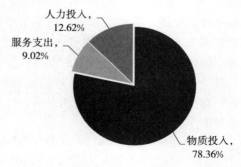

图 3-40　南美白对虾（海水）生产投入比例构成情况

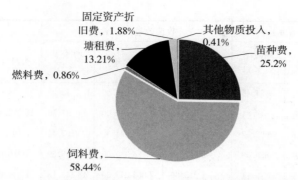

图 3-41　南美白对虾（海水）物质投入比例构成情况

2022 年，南美白对虾海水和淡水生产投入均呈现下降趋势。养殖生产投入以物质投入为主。其中，占比最高的为饲料费，其次为苗种费。饲料质量直接影响到虾的生长，也直接影响养殖效益。目前市场上饲料价格一般在 8 000~10 000 元/吨，受饲料原料上涨影响，饲料价格预计将继续上涨，饲料投入占比将继续维持在较高水平。从表 3-32 和表 3-33 看，2022 年，南美白对虾海水和淡水投苗金额均同比下降，投苗数量则同比增加，养殖面积呈"淡减海增"。

表 3-32　2022 年南美白对虾（淡水）投苗情况及与 2021 年同期对比

省份	投苗金额（万元）			投苗数量（万尾）			养殖面积（亩）		
	2021 年	2022 年	增减率（%）	2021 年	2022 年	增减率（%）	2021 年	2022 年	增减率（%）
全国	1 338.26	1 087.36	−18.75	25 817.00	625 438.00	2 322.58	9 112.00	7 884.00	−13.48
河北	251.00	321.20	27.97	7 150.00	6 800.00	−4.90	2 290.00	2 290.00	0.00
辽宁	84.25	171.50	103.56	1 900.00	1 975.00	3.95	167.00	167.00	0.00
江苏	38.40	100.20	160.94	1 150.00	2 880.00	150.43	410.00	320.00	−21.95
浙江	729.98	242.92	−66.72	8 490.00	7 567.00	−10.87	3 503.00	1 595.00	−54.47
安徽	3.00	36.20	1 106.67	100.00	116.00	16.00	280.00	280.00	0.00
山东	81.73	74.70	−8.60	1 945.00	601 680.00	30 834.70	1 597.00	2 555.00	59.99
河南	38.15	48.50	27.13	925.00	925.00	0.00	200.00	230.00	15.00
湖北	12.53	19.10	52.43	362.00	470.00	29.83	0.00	0.00	0.00
广东	92.07	69.04	−25.01	3 587.00	2 816.00	−21.49	635.00	431.00	−32.13
海南	7.15	4.00	−44.06	208.00	209.00	0.48	30.00	16.00	−46.67

表 3-33　2022 年南美白对虾（海水）投苗情况及与 2021 年同期对比

省份	投苗金额（万元）			投苗数量（万尾）			养殖面积（亩）		
	2021 年	2022 年	增减率（%）	2021 年	2022 年	增减率（%）	2021 年	2022 年	增减率（%）
全国	2 586.27	1 569.95	−39.30	5 206 430.00	6 375 744.00	22.46	26 548.00	26 778.00	0.87
河北	163.44	126.45	−22.63	8 215.00	5 865.00	−28.61	4 132.00	4 132.00	0.00
浙江	75.10	79.63	6.03	3 975.00	4 140.00	4.15	80.00	80.00	0.00

（续）

省份	投苗金额（万元）			投苗数量（万尾）			养殖面积（亩）		
	2021 年	2022 年	增减率（%）	2021 年	2022 年	增减率（%）	2021 年	2022 年	增减率（%）
福建	54.38	41.08	−24.46	1 502 000.00	2 301 890.00	53.25	196.00	196.00	0.00
山东	1 100.40	552.00	−49.84	1 543 660.00	2 029 900.00	31.50	12 300.00	12 300.00	0.00
广东	1 026.25	48.01	−95.32	141 748.00	3 674.00	−97.41	7 100.00	6 600.00	−7.04
广西	85.95	626.60	629.03	2 002 617.00	26 330.00	−98.69	1 350.00	1 900.00	40.74
海南	80.75	96.18	19.11	4 215.00	2 003 945.00	47 443.18	1 390.00	1 570.00	12.95

（三）养殖损失

全国淡水南美白对虾监测点受灾损失 317.39 万元，同比增加 12.39％。全国海水南美白对虾监测点受灾损失 85.61 万元，同比减少 34.82％。

总体而言，2022 年南美白对虾受灾经济损失较 2021 年略低。一是因优质高档品牌苗的市场份额提高，这些苗在出厂前均进行了病害检测，有效降低了养殖期病害暴发的风险，但依然存在因养殖病害导致的排塘，主要病害有早期死亡综合征（俗称"偷死病"）、肠炎病、白斑综合征和红体病等；二是自然灾害损失，强台风给沿海地区带来了大量强降雨，有些地方发生洪涝淹没池塘，直接影响了南美白对虾养殖业的经济效益；三是其他灾害损失，如养殖用水水质受到污染、停电导致的对虾缺氧死亡等损失同比大幅度增加。

三、政策建议

1. 开展池塘改造和尾水治理　将传统池塘改造为高标准、规范的精养高产池塘，或者将其改造成高位池虾塘，提高养殖效率；通过建设人工湿地、生态渠塘等生态治理措施的实施，减少养殖尾水直接排入周边河流或海域而造成水环境污染；建设具有防风、保温功能的温室或大棚，减少自然灾害带来的损失，同时还能降低病害的发生。

2. 投放优质种苗　种苗质量是发展南美白对虾养殖业的关键环节。具体措施有：①开展南美白对虾良种选育工作；②开展种苗产地检疫，检疫合格者才能上市；③优选正规种苗品牌公司繁育、生产的虾苗，特别是生长速度快、抗病力强的虾苗，投放之前一定要先标粗，以提高养殖的成活率和成功率。

3. 投喂优质饲料　要优选有一定规模、技术力量雄厚、售后服务到位、信誉度好、养殖效果佳的饲料厂家生产的饲料。在养殖过程中，一定要注意控制投喂强度，实施动态投喂，最大限度地发挥饲料的效能。

4. 推广养殖新模式　①工厂化养殖：该模式通过全程自动化控温、机械增氧、生化调节水质和循环水养殖，实现循环水、零排放、低污染的生态养殖效果，可有效规避养殖技术风险，大幅提高养殖成功率。②生态养殖：该模式主要由生态养虾、保健养虾、鱼虾混养、虾贝混养、虾蟹混养、轮养等生态养殖模式及其技术构成，可有效提高养殖效益，增产增收。实践证明，上述两类技术模式能大幅度提高南美白对虾养殖成活率和成功率。

5. 以防为主、科学防治病害 在养殖过程中，必须坚持"以防为主、防重于治、防治结合"的原则，做到对症下药。相关应对措施还要从苗种质量、养殖模式、水质管理、营养强化、提高免疫力等多方面入手，采取各方面的综合措施进行预防和控制，提高养殖成功率，避免病害范围扩大而造成大规模的经济损失。

四、2023 年生产形势预测

1. 苗种投放量继续增加 2022 年，受疫情影响，南美白对虾整体产量稳中有降，投苗数量却同比增加。预测 2023 年，南美白对虾的投苗量仍会继续增加。

2. 价格稳中有涨 受疫情影响，南美白对虾进口和出口量都受到影响；但国内消费水平提高，消费需求量继续增加。预计 2023 年，南美白对虾价格整体稳中有涨。

3. 养殖病害影响生产 在养殖面积一定的情况下，增加投苗量，意味着养殖密度就会提高，而高密度养殖极易造成病害暴发。预计 2023 年，养殖病害仍然会是影响养殖效益的重要因素。

（符　云）

河蟹专题报告

2022 年，全国河蟹养殖渔情信息采集区域涉及辽宁、江苏、安徽、湖北、江西、河南、湖南等 7 个省、29 个采集县（市、区）、61 个采集点。

一、生产情况

1. 出塘量、收入同比略增 2022 年，全国采集点河蟹出塘总量为 3 860.06 吨，同比增加 2.68%；出塘收入 34 342.71 万元，同比增加 3.44%。从地区来看，河南采集点出塘量和出塘收入同比增长率最高，分别为 84.14%、36.75%。湖北采集点出塘量和出塘收入同比降幅最大，分别为 68.61%、68.33%（表 3-34）。

表 3-34　2022 年全国监测点出塘收入、出塘量及与 2021 年同期对比情况

地区	出塘收入（万元）			出塘量（吨）		
	2021 年	2022 年	增减率（%）	2021 年	2022 年	增减率（%）
全国	33 200.00	34 342.71	3.44	3 759.30	3 860.06	2.68
辽宁	232.00	161.35	−30.45	40.00	30.67	−23.33
江苏	26 972.78	29 038.41	7.66	2 956.70	3 208.69	8.52
安徽	3 500.44	3 568.58	1.95	359.59	409.05	13.75
江西	367.13	506.30	37.91	44.79	57.66	28.73
河南	182.08	249.00	36.75	16.02	29.50	84.14
湖北	1 577.72	499.63	−68.33	307.64	96.57	−68.61
湖南	367.85	319.44	−13.16	34.56	27.92	−19.21

综合全国河蟹主养区实际情况，2022 年受"倒春寒"和 7—8 月极端高温天气影响，河蟹整体规格小、品质差，价格低廉，广大养殖户赚少赔多。中秋节前，有价无蟹，2.5 母（即 2.5 两重的母蟹，相当于 125 克）出现 220 元/千克的历史新高价。中秋节后，大量成熟蟹涌入市场，普货价格一路走低，销售普货的养殖户亏本比例达 8 成之多，历史罕见。而精品蟹市场，供不应求。调研中了解，2022 年河蟹主产区反映回捕率低，从往年 6 成降到不足 4 成，江苏养殖户减产 20%～30%，特别是大规格蟹减产较多，价格低于 2021 年同期 10%～20%。

由于 2021 年市场行情差，存塘量较大，部分河蟹养殖采集点集中在 2022 年 1—2 月出售，导致 2022 年全国采集点河蟹出塘量略高于 2021 年。

2. 养殖生产成本刚性上涨 2022 年，全国采集点河蟹生产总投入 28 287.72 万元，同比增加 8.49%。物质投入 21 784.36 万元，同比增加 10.76%；服务支出 2 677.20 万元，同比减少 6.50%；人力投入 3 826.16 万元，同比增加 8.01%。其中，投种费、饲料费、塘租费、雇工费占比较高，分别为 2 656.22 万元、12 507.19 万元、4 135.93 万元、741.03 万元，同比增加 8.20%、17.67%；、13.48%、18.34%。通过调研了解，2022 年因原料波动、养殖密度提高、投喂量增加、动保成本上升，养殖成本同比 2021 年增加

1 000～1 500 元/亩。

3. 市场行情低迷，消费"遇冷"，销量大幅减少　2022 年，全国河蟹市场行情呈现典型的"直线下坡"趋势。自中秋节达到市场售价最高点以后，商品蟹批发价格一路走低，后期由于存塘量减少，价格微微回调。以 9 月 14 日为例，当日江苏高淳河蟹市场日收购量在 30～35 吨。而湖北当时主要是以销售六月黄和母蟹为主，尽管中秋节期间的河蟹价格是近些年来相对的高价，湖北地区稍大规格的普蟹能卖到 140～160 元/千克，甚至更多。但由于当时河蟹整体成熟度较低，而且因为中秋节时间较 2021 年早，因此供需严重失衡。精品蟹市场却火爆，以江苏高淳为例，9 月上旬部分商铺精品 4 母（即 4 两重，相当于 200 克重的母蟹）的价格涨至 560 元/千克，精品 5 公（250 克重的公蟹）的价格也有 440 元/千克。普蟹 4 母报价 320 元/千克，比 2021 年同期相比高出不少。但由于 9 月上中旬螃蟹成熟度不足，最佳品蟹期推迟。根据相关数据统计，以江苏高淳为例，2022 年 9 月 28 日普蟹 5 公报价 160 元/千克，比 2021 年同期的报价高 70 元/千克；普蟹 4 母报价 240 元/千克，比 2021 年同期价格高 80 元/千克。国庆黄金周到来之前，大闸蟹价格一路上涨，但是普货价格却并不理想。相比 2021 年价格，2022 年国庆节期间大规格螃蟹价格小涨，小规格螃蟹价格略低，并且 2022 年国庆节期间的市场走量较 2021 年减少。2022 年的大闸蟹，缺席了中秋，错过了国庆，而且由于成熟度较低和气温较高的原因，国庆节期间发往外地的生鲜大闸蟹大幅减少。10 月中下旬公蟹逐渐成熟，上市量逐步增大，蟹价全面回落。大规格蟹相对来说比较畅销，小规格普货价格较低并且滞销。11 月各产区河蟹价格均有不同程度下跌，同时伴随着疫情多点暴发，给河蟹的上市流通和消费带来一定阻力。12 月上旬随着新防疫政策的优化，市场走量与消费力明显上涨。同时伴随着强冷空气的到来，市场河蟹存量较少，价格上涨。全国大部分河蟹主产区市场逐渐接近尾声，江苏的泗洪、宜兴、宝应，安徽的无为等地河蟹的存塘量还是非常大，基本刚开塘。12 月中下旬，全国各大城市迎来了新冠感染的高峰期，销售和消费受限。总体而言，2022 年整个河蟹市场消费疲软，消费者购买力下降。

二、河蟹生产特点分析及思考

1. 养殖密度增加，投苗规格偏大，投苗时间推迟　2022 年，河蟹放养密度为 1 000～1 500 只/亩，养殖六月黄的塘口一般在 1 800～2 200 只/亩，相较于 2021 年每亩放养密度增加 2% 左右。由于 2021 年河蟹市场行情低迷，很多养殖户在前期并未销售完，后期销售集中在 2022 年 1 月和 2 月，进而导致养殖塘口清整和养殖环境营造滞后，加之疫情原因，整体放苗时间缓于 2021 年。因极端高温天气影响，蟹塘出现水草腐败、水质恶化的情况，蟹的生长、蜕壳及成熟度均受到影响，河蟹主产区发病率较 2021 年高，河蟹蜕壳比 2021 年晚了 10～20 天。

2. 河蟹品质、规格与价格体系决定了河蟹流通路径　通过对主要河蟹市场进行调研发现，河蟹品质、规格与价格体系基本上决定了河蟹的流通路径。以江苏为例，60% 左右的精品河蟹一般会到高淳区、兴化市、凌家塘等市场进行销售，因为这些市场在河蟹规格与价格体系方面比较完善，精品蟹价格可以达到养殖业者的心理预期；35% 左右的精品蟹将以礼盒的形式通过微信朋友圈、小红书、天猫店、京东等电商销售；为丰富河蟹销售路径提高河蟹附加值，还有 5% 左右的精品河蟹会制作成香辣蟹、熟醉蟹进行电商销售；而普货河蟹一般会在养殖所在地的规模比较小的市场上市。这也从一个侧面提醒养殖从业者，在不断提高品质的同时还要进行分类销售来获得效益最大化。

3. 打好转方式、调结构的攻坚战是河蟹产业可持续发展的关键因素 我国的河蟹养殖生产依然存在着发展方式粗放、发展不均衡、养殖综合效益低下、水产品质量安全隐患较多等诸多问题，这就要求河蟹养殖从业人员和管理人员必须加快河蟹产业转方式、调结构的步伐。立足实际，以市场为导向调减结构性过剩的水产品，积极促进养殖品种的结构调整，扩大名特优水产品的养殖面积，扩大蟹池混养面积，加大蟹虾、蟹鱼等混养技术的研究与应用，全面提高养殖综合效益；深入推进养殖布局调整，扩展养殖发展新空间，加大立体渔业的推广力度；开展"稻、虾、蟹、鱼"综合种养示范区的培育，加强品牌建设，向品牌要效益，提升河蟹品牌效应和市场竞争力。

三、有关建议

建议渔业技术推广部门加大与科研院所的合作力度，根据当前河蟹养殖成本投入的主要环节，进行优化和科研攻关，进而探索一套从优良种质、养殖环境营造、饵料投喂、科学调水等覆盖养殖全过程的降本增效的技术体系，通过大力推广"降本增效技术体系"来降低河蟹养殖成本以应对市场过剩、行情低迷的大环境，实现由"高投入、高产出"向"低投入、高产出"的转变。

四、2023 年生产形势预测

2023 年，河蟹养殖仍有可能面临极端高温天气、"水瘪子"等病害带来的负面影响，养殖成本上涨等不利因素，给养殖效益的提升带来压力。2023 年中秋节，将比 2022 年晚10 天，这对河蟹上市的产量和品质都是一个利好因素。随着疫情影响的逐渐淡化，经济复苏，消费市场振兴和消费者购买力提升，预计 2023 年河蟹养殖效益将比 2022 年有所提升。

（王明宝）

梭子蟹专题报告

一、基本情况

梭子蟹是我国重要的海洋经济物种，2021年全国捕捞产量454 513吨，养殖产量105 283吨。捕捞产量仍占主导地位，但养殖梭子蟹和捕捞梭子蟹在供应季节上基本错开，是非常重要的补充。2022年，全国梭子蟹养殖渔情监测在江苏、浙江和山东3个省份开展，共涉及6个采集点，其中江苏2个，浙江3个，山东1个。

二、生产情况

1. 采集点养殖情况

（1）出塘情况 2022年，全国渔情信息采集点梭子蟹出塘量58.36吨，同比增加8.85%；销售收入441.65万元，同比减少22.78%；平均出塘价格为75.68元/千克，同比降低29.05%。

（2）生产投入情况 2022年，采集点生产总投入610.98万元，同比增加24.67%。其中，苗种费22.21万元，同比减少21.99%；饲料费用258.46万元，同比增加89.32%；塘租费152.75万元，同比降低12.44%；固定资产折旧费6.00万元，同比减少22.48%；电费24.13万元，同比增加9.68%；防疫费17.27万元，同比增加228.33%；人力投入112.09万元，同比增加16.98%（表3-35）。

表3-35 2022年梭子蟹生产情况及与2021年同期对比

项目	金额（万元）		
	2022年	2021年	增减率（%）
一、销售情况	441.65	571.91	−22.78
二、生产投入	610.98	490.09	24.67
（一）物质投入	451.29	359.90	25.39
1. 苗种投放	22.21	28.47	−21.99
2. 饲料费	258.46	136.52	89.32
3. 燃料费	10.77	7.15	50.63
4. 塘租费	152.75	174.45	−12.44
5. 固定资产折旧费	6.00	7.74	−22.48
6. 其他物质投入	1.10	5.57	−80.25
（二）服务支出	47.60	34.37	38.49
1. 电费	24.13	22.00	9.68
2. 水费	1.29	1.93	−33.16
3. 防疫费	17.27	5.26	228.33
4. 保险费	0.67	0.97	−30.93

（续）

项目	金额（万元）		
	2022 年	2021 年	增减率（%）
5. 其他服务支出	4.24	4.21	0.71
（三）人力投入	112.09	95.82	16.98

（3）生产损失情况 2022 年，采集点受灾损失 5.95 万元，同比减少 11.09 万元，降幅 65.08%。其中，病害损失 5.30 万元，同比减少 4.74 万元，降幅 47.21%；自然灾害损失 0.65 万元；其他灾害损失 0 万元（表 3-36）。病害依然是造成梭子蟹损失的主要原因。

表 3-36　2022 年梭子蟹受灾损失情况及与 2021 年同期对比

损失种类	金额（万元）		
	2022 年	2021 年	增减率（%）
受灾损失	5.95	17.04	−65.08
1. 病害	5.30	10.04	−47.21
2. 自然灾害	0.65	5.00	−87.00
3. 其他灾害	0.00	2.00	−100.00

（4）生产投入构成情况 从 2022 年生产投入构成来看，投入比例较高的前三项依次为饲料费 42.30%、塘租费 25.00%、人力投入 18.35%（图 3-42）。

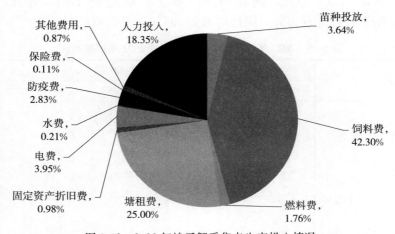

图 3-42　2022 年梭子蟹采集点生产投入情况

（5）2022 年水产品价格特点 养殖梭子蟹的出塘时间基本为当年 7—12 月和翌年冬季 1—3 月，其中 7—12 月出塘规格较小，一般在 180～300 克/只，此时正好赶上禁渔期结束，受大批量捕捞梭子蟹上市影响，出塘价格为 50～120 元/千克，相对较低；1—3 月出塘规格较大，一般在 200 克/只以上，时至春节加上捕捞产量下降，出塘价格 180～300 元/千克，达到一年之中的最高点（图 3-43）。

2. 2022 年渔情分析

（1）人力成本已成为继饲料、塘租之后的第三大生产投入。随着经济发展，传统水产

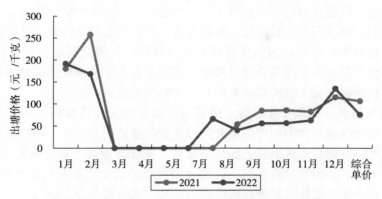

图3-43　2022年和2021年采集点梭子蟹出塘价格走势

养殖业的劳动强度大，对青壮年劳动力的吸引力进一步降低，从业者不得不提升劳动报酬来吸引工人，人力成本逐步提高。如何降低成本，提高经济效益，成为产业发展的重中之重。

（2）梭子蟹主要以捕捞为主，8月开海以后，大量梭子蟹随之上市，价格较1—3月出现明显下跌，同时线上电商售卖的冻梭子蟹，以次充好，价格便宜，也对梭子蟹市场有一定冲击。

二、2023年生产形势预测与建议

2023年我国梭子蟹的生产仍将以捕捞为主、养殖为辅。预计养殖梭子蟹将继续保持高位运行，但由于梭子蟹为一年生，对环境变化反应更加"敏感"，当海洋环境因素（如盐度、温度）发生变动，都会影响梭子蟹的产量和品质。我国梭子蟹养殖产业仍存在养殖模式单一、产量不高、病害频发等问题，为保证梭子蟹养殖产业的健康持续发展，特提出以下建议。

1. 创新养殖模式，探索养殖技术　目前梭子蟹养殖模式和养殖技术还有待提高，养殖过程中的残杀问题是影响梭子蟹产量的主要原因之一。梭子蟹成长到一定阶段需要蜕壳生长，蜕壳期间会互相残杀，导致成活率降低，同时养殖过程中底部缺氧的问题也会导致细菌大量滋生，病害频发。因此不断探索研究防残杀隐蔽设施可以有效防止梭子蟹在蜕壳期间自相残杀，大幅度降低梭子蟹死亡率，结合防残养殖关键技术，有助于稳定养殖环境，减少梭子蟹的病害发生，提高养殖成功率和养殖产量。

各地区结合不同的池塘条件和养殖模式，针对性地开发和集成一系列的生态高效养殖技术也有利于梭子蟹养殖产业的升级以及可持续发展。以舟山市岱山县为代表使用的"蟹公寓"——室内循环水养殖模式，在一个个并排盒子中单独养殖梭子蟹，避免了互相残杀，并通过循环水实现了养殖尾水零排放，提高了成活率和亩产效益。同时探索反季节繁养技术，实现梭子蟹在秋季育苗，夏季上市，填补梭子蟹的市场空档期，对梭子蟹产业也有着巨大意义。

2. 加强品种选育，提高良种供应　目前梭子蟹育苗技术已经相对成熟，有工厂化育苗和土池育苗两种方式。浙江省构建了成熟的梭子蟹土池育苗产业体系，育苗量基本可满足全省养殖需求。目前我国已有"科甬 1 号""黄选 1 号"两个梭子蟹新品种。要在现有新品种的基础上，继续围绕生长速度、性腺发育、抗逆性等经济性状，选育适宜不同省份应用和推广的新品种。另外，加强优良品种繁育和推广。通过环境调控、营养操纵等手段，提高梭子蟹育苗亲本性腺发育质量和越冬成活率，人工培育优质的繁殖亲体，建立优质亲本和健康苗种标准化、规模化培育模式，大幅度提高良种覆盖率。

3. 拓展发展模式，打造文化品牌 随着电子商务的发展以及抖音的兴起，打造梭子蟹品牌，提升文化内涵以及附加价值是开拓梭子蟹产业的必经之路。各地区要因地制宜探索尝试渔旅融合，发展具有区域特色的休闲旅游、文化体验等产业，研究开展精深加工，把养殖业、加工业、旅游业结合起来，以先进的产业经营模式和管理服务模式，打通一、二、三产业，把产业链做长，发展渔村旅游，开展"梭子蟹美食之旅"。

（周　凡　施文瑞　郑天伦）

青蟹专题报告

一、基本情况

2021 年全国青蟹养殖产量 152 065 吨、捕捞产量 68 542 吨，养殖产量远大于捕捞产量，是青蟹的主要供应来源。2022 年青蟹养殖渔情监测在浙江、福建、广东、海南等 4 个省份开展，共设有监测点 14 个，其中浙江省 5 个，福建省、广东省、海南省各 3 个。

二、生产情况

1. 采集点养殖情况

（1）出塘情况　2022 年，全国渔情信息采集点青蟹出塘量 178.92 吨，同比减少 6.12％；销售收入 3 362.65 万元，同比减少 2.97％。但由于生产投入大幅下降，青蟹采集点的年收益（744.75 万元）不降反升，同比增加 361.88 万元，增幅高达 94.52％。

（2）生产投入情况　2022 年，采集点生产总投入 2 617.90 万元，同比减少 15.07％。其中，苗种费 550.19 万元，同比减少 19.42％；饲料费用 1 019.28 万元，同比减少 12.21％；塘租费 572.48 万元，同比降低 5.46％；固定资产折旧费 7.05 万元，同比减少 88.84％；电费 40.74 万元，同比增加 2.90％；防疫费 19.08 万元，同比减少 55.93％；人力投入 382.68 万元，同比减少 13.78％（表 3-37）。其中饲料费下降幅度最大，说明近几年全国上下大力推广青蟹配合饲料投喂已取得较好的效果。

表 3-37　2022 年青蟹生产情况及与 2021 年同期对比

项目	金额（万元）		
	2022 年	2021 年	增减率（％）
一、销售情况	3 362.65	3 465.43	−2.97
二、生产投入	2 617.91	3 082.57	−15.07
（一）物质投入	2 149.37	2 512.86	−14.47
1. 苗种投放	550.19	682.77	−19.42
2. 饲料费	1 019.28	1 161.10	−12.21
3. 燃料费	0.37	0.25	48.00
4. 塘租费	572.48	605.54	−5.46
5. 固定资产折旧费	7.05	63.20	−88.84
6. 其他物质投入	0.00	0.00	—
（二）服务支出	85.86	125.87	−31.79
1. 电费	40.74	39.59	2.90
2. 水费	1.74	1.19	46.22
3. 防疫费	19.08	43.29	−55.93
4. 保险费	0.00	0.00	—

（续）

项目	金额（万元）		增减率（％）
	2022 年	2021 年	
5. 其他服务支出	24.30	41.80	−41.87
（三）人力投入	382.68	443.84	−13.78

（3）生产损失情况　2022 年，采集点受灾损失 2.75 万元，同比减少 93.06％。其中，病害损失 2.75 万元，同比增加 5.77％；自然灾害损失 0 万元；其他灾害损失 0 万元（表3-38）。病害依然是造成青蟹损失的主要原因。

表 3-38　2022 年青蟹受灾损失情况及与 2021 年同期对比

损失种类	金额（万元）		增减率（％）
	2022 年	2021 年	
受灾损失	2.75	39.60	−93.06
1. 病害	2.75	2.60	5.77
2. 自然灾害	0.00	37.00	−100
3. 其他灾害	0.00	0.00	—

（4）生产投入构成情况　从 2022 年生产投入构成来看，投入比例较高的三项依次为饲料费 38.93％、塘租费 21.87％，苗种投放 21.02％。（图 3-44）。

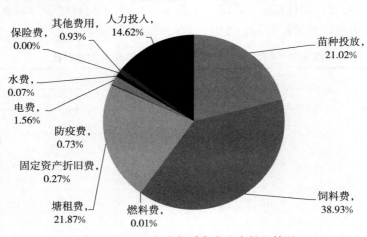

图 3-44　2022 年青蟹采集点生产投入情况

（5）2022 年水产品价格特点　2022 年采集点青蟹出塘价格综合单价较 2021 年有所增加，平均出塘价格为 187.94 元/千克，同比升高 3.42％。广东、海南两省每月都有养殖青蟹出塘，浙江、福建两省冬季水温较低，12 月至翌年 2 月基本没有青蟹出塘。出塘价格受春节、中秋、国庆等节日假期影响，呈现上、下半年各有一个高峰时段的变化规律，年平均出塘价格变化详见图 3-45。9 月价格最高，达 243.30 元/千克；6 月最低，为126.37 元/千克。青蟹价格第一个价格高峰出现在五一前后，第二个价格高峰均出现十一、中秋节前后。

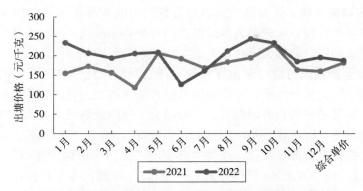

图 3-45 2022 年和 2021 年采集点青蟹出塘价格走势

2. 2022 年渔情分析

（1）从采集点的数据来看，饲料、苗种投放、塘租费以及人力投入均有较大额度的下降。在采集点没有变更的情况下，意味着采集点 2022 年的生产规模在收缩。但采集点的年收益反而有较大增长，表明这种生产规模收缩主要是基于经营策略层面的考虑。

（2）采集点的出塘价格连续三年增加，这与出塘量下降、供应减少有一定关系，也跟青蟹以本地消费为主、不受疫情影响有关。以浙江省三门县为例，青蟹消费需求长期旺盛，当地养殖青蟹常常供不应求，所以价格常年高位运行。

（3）2022 年青蟹出塘量下降，与夏季高温少雨的极端天气有关。高温导致养殖塘水质盐度升高，青蟹蜕壳相比往年同期慢一次左右，在中秋节时期，青蟹个头普遍偏小，基本每只在 0.15~0.2 千克，大规格（每只 0.25 千克以上规格）青蟹货少价高，出现了有价无市的现象。从生产投入来看，为了应对高温，养殖户增加了水、电和燃料费等成本。

三、2023 年生产形势预测与建议

根据历年生产形势和当前市场、政策情况预测，2023 年，我国青蟹的生产仍将延续以往年份的趋势，以养殖为主，捕捞为辅，生产形势总体平稳。但随着国内旅游和餐饮消费的复苏，同时受饲料、塘租、人工等养殖成本不断上涨等原因，青蟹价格将继续保持高位运行，并有继续上升的可能。为保证青蟹养殖产业的健康持续发展，提出以下建议。

1. 加强新品种选育与推广 2022 年，由中国水产科学研究院东海水产研究所和宁波市海洋与渔业研究院培育的全国首个青蟹水产新品种"东方 1 号"通过审定。在相同养殖条件下，"东方 1 号"与未经选育的拟穴青蟹相比，6 月龄体重提高 15.2%，适宜在浙江、福建等沿海地区水温 18~28℃和盐度 5~35 的人工可控的水体中养殖。此外，浙江省水产新品种选育重大科技专项也立项对拟穴青蟹开展速生、抗逆新品种培育与示范，并取得了初步成效。加快新品种的选育与推广，提高良种覆盖率，将有力推动青蟹养殖业的发展。

2. 推动青蟹养殖转型升级 近几年青蟹养殖业受土地、气候等因素影响，发展遇到瓶颈，要加快转型升级。一是稳定传统池塘专养、混养等养殖模式，继续推广配合饲料替代冰鲜饵料养殖青蟹；二是继续探索红树林滩涂生态养殖、"蟹公寓"等青蟹养殖新模式；三是大力推进青蟹盐碱地养殖、低盐度养殖技术，探索稻田养殖等，扩大青蟹养殖面积。

3. 加强病害研究　病害依然是造成养殖青蟹损失的主要原因，应加强病害防控技术研究，优化养殖生产管理，构建更为高效健康的青蟹养殖模式。开发青蟹生态系统养殖技术，实现养殖尾水的原位或移位净化。

4. 加强青蟹全产业链打造　在做好青蟹一产的同时，充分利用青蟹的品牌价值，构建"以品牌为抓手"的推介体系，全产业链打造青蟹区域性金名片，结合区域的资源、生态和文化优势，发展独具特色的融海钓、青蟹品尝、休闲旅游观光等为一体的乡村旅游产业，助推乡村旅游业发展，让养殖户们捧上"金饭碗"，踏上"共富路"。以浙江省三门县为例，该县深入挖掘青蟹产业文化，连续举办多届"三门·中国青蟹节"，先后拍摄《舌尖上的中国Ⅱ》《三门小海鲜》《三门青蟹》《一只蟹一座城》等系列片，大力宣扬三门渔业文化，还抓住全域旅游的风口，开启"渔业＋旅游"现代渔业新模式，发展了一批集养殖、休闲、体验为一体的以蟹文化为特色的休闲渔业旅游带，让游客真正品味海鲜之美、感受渔乡之趣。

（周　凡　施文瑞　郑天伦）

牡蛎专题报告

一、采集点基本情况

2022 年，全国牡蛎养殖渔情监测主要集中在福建、山东、广东和广西等 4 个省份，共设置 15 个采集点。其中，福建省 4 个，山东省 3 个，广东省 4 个，广西壮族自治区 3 个。

二、养殖生产形势分析

1. 出塘量和销售收入分析 2022 年，全国采集点牡蛎全年出塘量 7 653.89 吨，同比减少 18.47%；销售额 5 940.43 万元，同比减少 27.17%（表 3-39）。各养殖信息采集省份中，福建省的牡蛎养殖量增速最快。2022 年，福建牡蛎出塘量和销售额同比分别增长 88.50% 和 183.74%；其余省份出塘量和销售额却都同比减少。其中，广东省出塘量和销售额同比减少 67.01% 和 66.03%；广西因为平陆运河工程，导致出海口养殖户拆迁，养殖面积缩小，加上近年来海域环境总体变差，养殖产量随之降低，牡蛎个体质量也得不到保障，肥满度不达标，因此 2022 年广西牡蛎出塘量同比下降 10.88%，但销售额却下降了 38.63%。

表 3-39 2022 年采集点牡蛎销售情况及与 2021 年同期对比

地区	销售数量（吨）			销售收入（万元）		
	2021 年	2022 年	增减率（%）	2021 年	2022 年	增减率（%）
全国	9 388.35	7 653.89	−18.47	8 156.63	5 940.43	−27.17
福建	1 728.35	3 258	88.50	298.25	846.26	183.74
山东	6 007	3 690	−38.57	6 198.6	4 455.7	−28.12
广东	1 367	451	−67.01	1 387.15	471.15	−66.03
广西	286	254.89	−10.88	272.63	167.32	−38.63

2. 综合平均出塘价格分析 2022 年，采集点牡蛎综合平均出塘价格为 7.76 元/千克，同比下降 10.70%。其中，福建、山东、广东采集点的牡蛎综合平均出塘价格同比分别上涨 50.29%、17.05% 和 2.96%，而广西采集点的牡蛎综合平均出塘价格同比下跌 31.16%（表 3-40）。

表 3-40 2022 年牡蛎综合平均出塘价格及与 2021 年同期对比

地区	综合平均出塘价格（元/千克）		
	2021 年	2022 年	增减率（%）
全国	8.69	7.76	−10.70
福建	1.73	2.60	50.29
山东	10.32	12.08	17.05

（续）

地区	综合平均出塘价格（元/千克）		
	2021 年	2022 年	增减率（%）
广东	10.15	10.45	2.96
广西	9.53	6.56	−31.16

从图 3-46 来看，2022 年牡蛎价格呈现明显的季节性波动。春节期间牡蛎价格达到全年顶峰，从 1 月的 11.32 元/千克涨到 2 月的 14.63 元/千克，3—8 月价格持续下跌，8 月牡蛎价格降至全年最低点，为 3.27 元/千克。到了 9 月，随着整个市场供应短缺，牡蛎价格涨幅明显，到 10 月牡蛎价格从最低点的 3.27 元/千克回升到 8.51 元/千克。

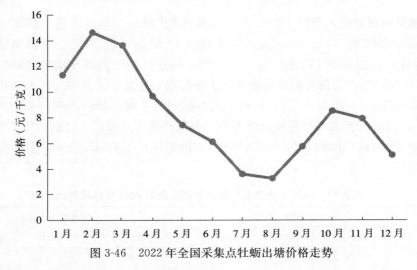

图 3-46　2022 年全国采集点牡蛎出塘价格走势

3. 生产投入分析　全国牡蛎监测点生产投入 2 554.92 万元，同比减少 19.24%。其中，物质投入 1 085.56 万元，占生产投入的 42.49%；服务支出 112.20 万元，占生产投入的 4.39%；人力投入 1 357.16 万元，占生产投入的 53.12%。

4. 养殖损失分析　全国牡蛎监测点受灾经济损失 331.58 万元，同比增加 1 296.08%。其中，病害经济损失 219.39 万元，同比涨幅 1 846.58%；自然灾害经济损失 111.94 万元，同比涨幅 800.56%；其他灾害经济损失 0.25 万元，同比涨幅 400.00%。

三、存在问题

1. 养殖超环境载荷，产品品质下降　近年来，牡蛎市场需求增加旺盛、价格持续保持高位运行，养殖户的生产积极性极大提升，投苗量大幅增加，主产区养殖面积迅速扩张，局部水域养殖密度超过环境载荷能力，导致海域生态环境恶化，牡蛎抗病能力下降、品质受损。养殖过密的海域容易出现饵料不足和缺氧的情况，造成牡蛎肥度降低、抗病能力下降、产品品质受损，全国性的牡蛎品质下降，还将对整个产业的发展产生深远影响。

2. 牡蛎产业组织化程度低，加工业滞后，产业链短　牡蛎产业目前还是以分散经营为主，缺乏龙头企业，整个产业的集约化、规模化程度还比较低，产业优势没有发挥出来，制约了产业的发展；牡蛎加工业目前还比较落后，以广西钦州为例，钦州牡蛎加工还停留在传统的粗加工水平上，养殖产品加工仅 10％左右，加工产品主要是原汁蚝油及蚝干等初级低端产品，精深加工产品比较少，钦州牡蛎一产独大，加工和流通滞后，销售单一，没有集中的大现货销售市场，三产跟不上的现状，严重制约着钦州牡蛎产业的进一步发展。

四、产业发展的对策与建议

加快供给侧结构性改革，探索建立绿色生产模式，进一步明确"提质增效、减量增收"的产业发展目标，严格落实养殖许可准入制度和种质资源保护制度，根据海域资源环境的承载能力，统筹安排、合理控制用海规模，划定限养禁养区域，控制牡蛎养殖规模和产量在局部海区的环境载荷能力范围内，提高牡蛎产业的现代化水平，实现产业增产、增值和增效。全面加强渔业资源和水域生态环境保护，加快制定以科学容量为基础的养殖规划，完善相关监管机制，进一步规范并落实海域使用权和养殖权制度，适当延长两权的期限，引导养殖户在有序养殖的同时养护海域环境。

五、2023 年生产形势预测

目前餐饮行业已基本恢复到疫情前的水平，牡蛎的生产、流通和销售环节畅通，2023年，预计牡蛎的需求量会增加，牡蛎养殖规模保持稳定，出塘价格将稳中有升。

（李坚明）

鲍专题报告

一、鲍主产区分布及总体情况

我国鲍养殖主要在福建、山东、辽宁、浙江、广东和海南。从养殖种类看，皱纹盘鲍杂交种是目前我国养殖主导品种。除海南、广东和台湾少量养殖杂色鲍外，主产区主要养殖皱纹盘鲍杂交种，部分养殖绿盘鲍、西盘鲍等新品种。2021 年全国鲍年产量 21.8 万吨，其中福建 17.2 万吨，占全国总产量的 78.9%。全国养殖面积 15 176 公顷，其中山东 6 111 公顷，福建 6 390 公顷。主产区分布在福建省福州、漳州、平潭，山东省荣成，辽宁省大连。

2022 年，全国鲍养殖渔情监测主要在福建、山东开展，鲍渔情采集点共设 7 个，其中，福建 6 个、山东 1 个，其采集信息基本能够代表全国鲍养殖总体情况。根据渔情采集的信息及秋季生产调研分析 2022 年鲍养殖情况，全年鲍存塘量依然偏多，由于销售市场逐渐复苏，成品鲍销量增多，鲍养殖总体上亏损面缩小，盈利面有望增大。从近几年养殖鲍的市场价格波动情况看，随着产量的上升，价格明显回落，利润空间压缩，说明鲍市场容量有限，发展鲍养殖产业，需进一步开拓鲍消费市场，扩充鲍消费群体。

二、2022 年鲍养殖生产形势分析

1. 鲍苗价稳中有升，生产效益趋好　鲍苗从 2021 年秋冬季培育至 2022 年春季的数量可观，由于鲍成品价格一直比较高，促进苗种需求提升，春季鲍苗价格稍有增长，鲍苗大部分在春季出池销售。进入 2022 年秋季，度夏苗更是供不应求，进一步推高苗价，规格 2.8 厘米以上每粒达 1 元左右，比往年偏高，大部分育苗场效益显著。

2. 养殖成本增加，盈利空间压缩　2022 年统鲍（26～30 粒/千克）全年均价 87 元/千克，同比增长 6.1%（表 3-41）。看似价格略高，但由于北方海带歉收，上半年海带价格上涨，下半年鲍饲料龙须菜等藻类价格也大幅增加，部分鲍养殖户开始尝试用包菜替代藻类投喂鲍，但不是很可行。由于鲍饲料成本增幅较大，鲍养殖户遭受前所未有成本压力，成鲍提价难以抵消饲料价格飞涨之势，几乎难以盈利，亏损面增大。

从鲍养殖成本结构分析，在鲍养殖中，饲料的成本最高，占成本的 48%；其次为人工费，占成本的 16%；苗种费排第三，占成本的 15%。

表 3-41　2019—2022 年鲍价格表

单位：元/千克

年份	1 月	2 月	3 月	4 月	5 月	6 月	7 月	8 月	9 月	10 月	11 月	12 月	均价
2019	102	108	114	116	94	102	104	86	106	103	92	106	102
2020	105	92	85	59	56	70	73	74	90	106	92	94	83
2021	79	73	74	72	76	84	82	85	83	86	94	100	82
2022	78	76	80	70	79	83	83	78	94	116	105	100	87

3. "南北接力"养殖，模式重现生机　鲍"南北接力"养殖，充分利用水温差特点，

以凸显养殖优势。2022 年春末夏初继续开展鲍搬迁到北方养殖模式，虽然在北方养殖成本节节攀升，但鲍生长速度快、成活率高，特别是 2022 年鲍成品价大幅上扬，移到北方养殖综合效益比 2021 年好，大部分能盈利，该养殖模式重现生机。

三、2023 年生产形势预测

1. 鲍苗种供应适量　2022 年 10 月冷空气来袭，育苗时间大部分集中在 10 月中下旬，大部分鲍育苗场采苗及时，育苗效果较好，但塑料薄膜苗脱苗现象较 2021 年严重，导致 2023 年春季鲍苗存池量减少，预测 2023 年鲍苗销售市场呈向好态势。

2. 成品鲍市场回暖　随着新冠疫情的结束，鲍销售市场将破冰回暖，预计 2023 年成品鲍出塘价回升，销量将增加，成鲍市场呈现复苏趋势。

四、存在问题及建议

（一）存在问题

1. 规划滞后，生产无序　在利益驱使下，群众自发无序地扩大生产规模，陆基工厂化养殖蜂拥而起，毁坏了耕地、林带、沙滩，付出了惨重的生态代价；近岸海域"见缝插针"超负荷养殖，海域过度拥挤，航道窄小阻塞，生活垃圾、饵料残留、破损设施等随意抛弃，海域污染严重。

2. 高优品种推广更新慢，效益偏低　现在鲍养殖仍然以皱纹盘鲍杂交种为主，多年来的累代养殖，大多数苗种场缺乏系统的品种选育和改良，出现严重的种质退化现象。2022 年绿盘鲍等高优品种育苗量才开始增多，对于广泛推广应用还在探索中，期待取得较好效果。

3. 产业化经营程度低　南方鲍养殖以家庭散户生产经营为主，产业化经营远不如以集体经营为主的山东等北方地区，这样的经营体制难以抵御自然灾害和市场风险。

（二）发展建议

1. 创新销售模式　受鲍良种推广、种质改良提升及疫情因素的综合影响，鲍成品价格近年来长期处于低价状态，传统销售渠道亟待得到进一步扩大，应着力开拓鲍精深加工产品，拓展线上销售渠道，借助"直播＋电商"模式，对接各方媒体资源，提升鲍的销量。

2. 保障饲料供应　海区鲍养殖主要饵料种类的龙须菜，每年下半年受产量锐减等因素影响，龙须菜的售价高涨，导致养殖户的养殖成本增加，建议有关科研部门针对龙须菜等鲍的适口海藻开展研究，为饵料的稳定供应提供保障。

3. 完善鲍养殖业保险制度　鲍养殖存在一定的风险，特别是台风和赤潮形成均可使鲍生产受到严重损失，所以启动鲍养殖业保险制度十分有必要。加大对鲍保险制度创新的支持力度，提高保费补贴费率，完善风险分散机制，提高产业的自然和市场风险抵御能力，从而促进渔民收入稳定提高。

（林位琅）

扇贝专题报告

一、全国扇贝生产概况

我国扇贝养殖主要分布在山东、辽宁、河北、广东、福建、广西、浙江、海南 8 省（自治区）。主养品种是海湾扇贝、虾夷扇贝、栉孔扇贝、华贵栉孔扇贝。养殖模式主要是筏式、吊笼、底播。

二、采集点设置情况

2022 年，全国扇贝采集点共 9 个，采集面积 1 945.34 公顷，约占全国扇贝总面积的 0.52%。因广东省撤销扇贝采集点（3 个），采集点总面积减少 313.33 公顷，同比 2021 年减少 13.87%。采集点、采集品种情况见表 3-42、表 3-43。

表 3-42　2022 年全国扇贝采集点的面积和数量

类别	辽宁省	山东省	河北省	小计
面积（公顷）	132.00	280.00	1 533.34	1 945.34
占采集总面积的比重（%）	6.79	14.39	78.82	100.00
采集点数（个）	2	4	3	9

表 3-43　2022 年全国扇贝采集品种养殖面积

类别	海湾扇贝	虾夷扇贝	栉孔扇贝	合计
面积（公顷）	1 733.34	165.33	46.67	1 945.34
养殖模式	筏式、吊笼	吊笼、筏式	筏式	

三、养殖生产形势分析

1. 育苗量减少，投苗生产减弱　因春季气温低，扇贝保苗成活率低，扇贝苗主产省山东省出苗量减少，投苗生产受到一定影响，呈现下降趋势。

据渔情监测，除去广东省撤销采集点因素，采集点投苗总量 79 700 万粒，同比减少 18.34%。其中，山东省扇贝投苗量减少 30.21%，辽宁省投苗量减少 26.67%，河北省投苗量减少 12.07%。

整体看，因育苗量下降，扇贝投苗生产有所减缓，但品种结构调整加快，有些地区扇贝养殖逐渐被牡蛎生产代替。

2. 苗价普遍上涨　2022 年，因保苗成活率下降，扇贝苗供不应求，苗价普遍上涨，各地扇贝苗投放量减少。据监测，河北省采集点海湾扇贝苗价上涨 191.0%（由 4 元/1 000 粒上涨到 11.64 元/1 000 粒）；山东省采集点海湾扇贝投苗量减少 8.7%，苗价涨 220%（由 3.2 元/1 000 粒上涨至 10.24 元/1 000 粒），虾夷扇贝投苗量减少 50%，苗价上涨 318.18%（由 2.2 元/1 000 粒上涨至 9.2 元/1 000 粒）；辽宁省采集点虾夷扇贝苗价上涨 176%（由 2.5 元/1 000 粒上涨至 6.9 元/1 000 粒）。因扇贝苗价格高涨，有些地区出现购买苗种困难的现象，导致扇贝苗投放总量下降。

3. 采集点出塘量增加 据监测，除去广东省撤销采集点因素，扇贝采集点出塘量 17 331.63 吨，收入 7 164.91 万元，同比分别增加 6.58%、13.92%。各省情况如下：山东省出塘扇贝（海湾扇贝、虾夷扇贝、栉孔扇贝）906.13 吨、收入 588.15 万元，同比分别增加 11.37%、24.5%。其中，海湾扇贝出塘量、收入分别增加 1.5%、23.1%，虾夷扇贝出塘量、收入分别增加 46.58%、23.21%，栉孔扇贝出塘量、收入分别增加 223%、268%。河北省出塘海湾扇贝 15 337.5 吨，收入 5 626 万元，同比分别增加 10.34%、22.05%。辽宁省出塘筏式虾夷扇贝 1 088 吨，收入 950.76 万元，同比分别减少 29.72%、21.24%。

4. 价格多数上涨 采集点扇贝均价 4.13 元/千克，上涨 6.72%。按省份分析，辽宁省虾夷扇贝均价 8.74 元/千克，上涨 12.05%。山东省扇贝均价 6.49 元/千克，上涨 11.7%。其中，海湾扇贝均价（4.29 元/千克）上涨 21.19%，栉孔扇贝均价（5.92 元/千克）上涨 13.85%，虾夷扇贝均价（13.03 元/千克）下跌 15.94%。河北省海湾扇贝均价 3.67 元/千克，上涨 10.54%。

2022 年，受苗种成本上涨、市场需求增加等因素叠加影响，河北、山东、辽宁扇贝价格普遍上涨，多数养殖品种收入增加。

5. 生产成本下降 据监测，2022 年，除去广东省采集点撤销因素，全国扇贝采集点生产投入 2 784.87 万元，同比减少 10.16%，主要是人力投入、燃料费、电费、饲料费分别减少 38.11%、25.87%、38.88%、90.21%。各项投入分布见图 3-47。

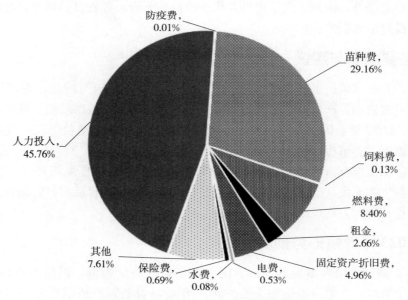

图 3-47 2022 年扇贝采集点生产投入

采集点生产投入减少，主要是人力投入、燃料费减少。因河北省采集点采用机械取柱，所以人力投入减少，从而使整体生产投入减少。

按省份分析,辽宁省采集点生产投入 708.10 万元,同比减少 9.31%,主要是人力投入减少;河北省采集点投入 1 686.06 万元,同比减少 13.39%,主要是人力投入、燃料费减少;山东省采集点投入 389.71 万元,同比增加 5.04%,主要是人力投入、苗种费增加。

6. 收益涨跌互现 据监测,2022 年扇贝采集点的利润率不同。按省份分析,河北省海湾扇贝采集点平均利润率达到 233%,同比 2021 年上涨 70.0%。山东省扇贝采集点平均利润率 50.93%,较 2021 年下跌 30% 左右。其中,海湾扇贝利润率 78%,较 2021 年下跌 4.34%;虾夷扇贝利润率 99.24%,较 2021 年下跌 12.94%;栉孔扇贝利润率也呈下滑趋势。辽宁省采集点虾夷扇贝平均利润率为 34.25%,较 2021 年下跌 37.45%。

原因分析:扇贝收益主要受产量、价格及生产成本等要素影响。2022 年,受各因素综合影响,多地扇贝收益较 2021 年有所下滑。其中,山东省海湾扇贝、栉孔扇贝、虾夷扇贝生产收益均呈下滑趋势;辽宁省虾夷扇贝因产量减少,收益下降;河北省扇贝生产形势良好,因成本下降、价格利好、产量增加,利润率大幅上涨。

7. 出口受到影响 2022 年,全国扇贝出口量下降。一是因新冠疫情影响,国际市场需求减弱,出口受限;二是扇贝市场供给减少,加工出口产量下降;三是受疫情影响,扇贝出口关税高于往年。多因素使得扇贝出口规模减小。

四、特情分析

整体看,全国扇贝养殖面积减少、产量呈波动变化。2022 年,国内扇贝市场需求较稳定,受成本上涨的影响,各品种价格普遍回升。河北、辽宁、山东采集点大部分扇贝品种价格上涨,仅山东虾夷扇贝价格下跌。但因苗种成本飙升,利润空间被挤压,除河北扇贝采集点收益上涨外,山东、辽宁扇贝采集点收益均下滑。各省自然环境较好,没有自然灾害发生,没有造成损失。

五、主要问题与建议

问题:①养殖区域过度养殖的风险仍在,常年养殖环保压力增加,海区饵料生物不足,养成扇贝规格小,产量低;②养殖品种单一,优良品种覆盖率较低,品质退化,苗种成活率下降。2022 年,因扇贝育苗成活率低,扇贝苗量短缺,苗价上涨,成本提升,利润空间被压缩;③养殖机械化程度较低,制约产业快速发展。

建议:①积极推行海区轮养制,让养殖海区生物恢复,改良海区环境,控制养殖规模,保证饵料生物充足;②加大力度培育新品种,提高扇贝苗种品质;③加快推进生产机械化发展进程;④大力促进产业融合发展。

六、2023 年养殖形势预测

2022 年,新冠疫情对扇贝的国际、国内市场造成一定影响,但国内市场主体平稳,市场需求稳中有增,多数品种价格上涨。2023 年,随着新冠疫情形势进一步好转,国际市场将会不断恢复,国内市场持续企稳,扇贝养殖将会保持良好的发展态势。

(张 黎 孙绍永)

蛤专题报告

一、2022年蛤养殖总体形势

2022年，受新冠疫情的影响，蛤总体出塘量下降，供给低于市场需求，从而推动蛤价格上涨。蛤苗种价格下降，生产投入总体下降，从而使养殖成本下降，再加上自然灾害导致的损失同比下降，养殖户收入同比增加，养殖利润增加。

二、总体情况

2022年，全国蛤养殖渔情信息采集区域涉及辽宁、江苏、福建、山东、广西6个省份的19个县（市、区），共有采集点26个，养殖面积8 570.78公顷，同比持平。其中，辽宁设5个采集点，采集面积1 133公顷；江苏设3个采集点，采集面积224.66公顷；浙江设6个采集点，采集面积50公顷；福建设4个采集点，采集面积82公顷；山东设5个采集点，采集面积7 039.99公顷；广西设3个采集点，采集面积41.13公顷。具体占比见图3-48。

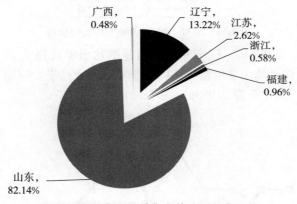

图3-48　全国蛤采集点养殖面积占比

三、蛤生产形势特点及原因分析

1. 蛤出塘量下降、收入增加　2022年，采集点蛤出塘量41 562.93吨，同比下降2.11%；收入35 682.65万元，同比增加8.01%。受新冠疫情影响，蛤养殖出塘量下降。在需求被动收缩和预期转弱的情况下，蛤出塘价格上涨，蛤养殖收入同比增加。

江苏和广西养殖渔情采集点蛤出塘量、收入同比下降。其中，江苏养殖渔情信息采集点蛤出塘量165.04吨，同比下降98.4%，收入357.34万元，同比下降94.49%；广西养殖渔情信息采集点蛤出塘量2.06吨，同比下降82.98%，收入4.73万元，同比下降81.81%。

辽宁养殖渔情信息采集点蛤出塘量5 617.8吨，同比下降7.17%，收入4 329.94万元，同比增加12.36%。

山东、浙江和福建的出塘量，收入同比增加。其中，山东养殖渔情信息采集点蛤出塘量 33 789.6 吨，同比增加 37.99%，收入 28 019.91 万元，同比增加 37.97%；浙江蛤采集点出塘量 283.43 吨，同比增加 7.88%，收入 748.53 万元，同比增加 39.76%；福建蛤采集点出塘量 1 705 吨，同比增加 25.41%，收入 2 222.2 万元，同比增加 21.74%。

2. 蛤出塘价格同比增加 采集点蛤平均出塘价格 8.59 元/千克，同比上涨 10.41%（图 3-49）。

图 3-49　2017—2022 年蛤平均出塘价格

（1）菲律宾蛤仔　2022 年，辽宁菲律宾蛤仔平均出塘价格 7.71 元/千克，同比增加 21%。山东菲律宾蛤仔平均出塘价格 8.29 元/千克，同比持平。福建菲律宾蛤仔平均出塘价格 13.03 元/千克，同比下降 2.98%（图 3-50）。

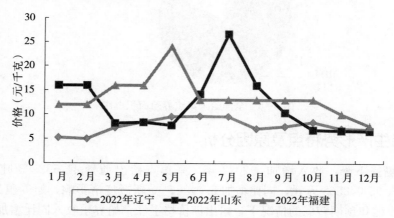

图 3-50　2022 年辽宁、山东、福建采集点菲律宾蛤仔出塘价格对比

（2）其他品种　辽宁四角蛤蜊采集点平均出塘价格约 8.38 元/千克，同比增加 8.8%。江苏文蛤采集点平均出塘价格约 21.65 元/千克，同比增加 24.65%。广西文蛤采集点平均出塘价格约 22.96 元/千克，同比增加 6.84%。浙江文蛤采集点平均出塘价格约 26.41 元/千克，同比上涨 29.52%。

3. 蛤苗种价格同比下降 菲律宾蛤仔苗种主要来源于我国福建等南方地区，辽宁菲律宾蛤仔苗（规格：1万～1.2万粒/千克）价格约20.3元/千克，同比下降20%。福建菲律宾蛤仔苗（规格：500万粒/千克）售价约500元/千克，同比下降30%。江苏文蛤苗种价上涨，1万粒/千克的文蛤苗种价格约20元/千克，同比下降16.7%。

4. 蛤养殖生产投入下降 采集点蛤养殖生产投入7 677.16万元，同比下降11.38%。除饲料费外，其他投入都是同比下降的。饲料费577.14万元，同比增加24.06%。苗种费3 838.86万元，同比下降11.71%；燃料费753.73万元，同比下降10.26%；固定资产投入37.95万元，同比下降46.82%；人力投入1 243.9万元，同比下降20.96%；塘租费1 029.98万元，同比下降7.67%；水电服务费58.18万元，同比下降14.7%；其他投入137.42万元，同比下降23.9%（图3-51）。

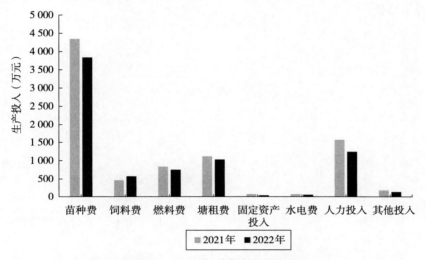

图3-51 2021—2022年采集点蛤生产投入对比

5. 蛤受灾损失大幅下降 采集点蛤养殖生产受灾损失0.49万元，同比下降99.4%；蛤养殖数量损失0.18吨，同比下降99.5%。2022年台风和洪涝灾害以及低温寒潮对我国蛤养殖产业影响不大。

四、存在问题

1. 优良品种示范应用不足 蛤土著良种资源数量呈下降趋势，急需高品质、抗逆境、抗病害、市场竞争力强的优良品种进行典型示范与大面积推广。需要优化蛤的养殖品种结构，提高品种多样性和增产贡献率。

2. 产业科技研发创新不足 蛤养殖模式发展滞后、科技研发创新不足。目前存在养殖工程化水平低、资源综合利用率低、养殖产量不稳定、抗风险能力差，养殖基础设施设备不完善，信息化水平较低，产业化经营程度低，抵御自然风险的能力较弱等问题。

五、发展建议

1. 加快科技平台建设 通过搭建产业科技应用平台，加快蛤遗传育种和品种改良技术研究，推进蛤苗种本地化繁育技术发展，开展蛤良种规模化生产与高效繁育，增强蛤产业可持续发展能力。

2. 科技创新引领产业升级 加快蛤产业核心关键技术研发，强化科技创新驱动和科技引领作用。根据蛤市场动态变化，构建面向市场的生产技术创新机制，促进现代蛤产业科技创新整体发力，加快蛤产业工艺设备升级，提高蛤产品科技含量。通过开展技术创新，积极融入新发展格局，提升蛤产业链、供应链现代化水平。

六、2023 年生产形势预测

根据 2022 年蛤养殖生产调研情况分析，预计 2023 年蛤养殖生产形势相对稳定。生产投入将较 2022 年增加，出塘价格趋于平稳。随着消费加速恢复，蛤市场需求旺盛，蛤养殖产量将稳步增长。

（吴杨镝）

海带专题报告

一、海带养殖产业概况

目前我国海带养殖面积为 4.74 万公顷，集中分布在福建、山东和辽宁三省。福建省、山东省和辽宁省养殖面积分别为 2.17 万公顷、1.59 万公顷和 0.86 万公顷；浙江省养殖面积 0.11 万公顷；广东省也有零星养殖，面积仅为 72 公顷。

北方海带主要养殖品种：大阪、奔牛、烟杂、德林 1、德林 2、新奔牛、407、爱伦湾、海科 1、海科 2、中科 1、中科 2 等；南方主要养殖品种"连杂 1 号""黄官 1 号"等，均具有耐高温特性。

二、生产形势分析

1. 出塘量和出塘收入同比明显下滑　从采集点数据看，海带出塘量 2.16 万吨，同比下降 69.72%；销售收入 2 279.00 万元，同比下降 79.49%。产量及销售收入都有大幅度下降。福建出塘量 1 033.36 吨，同比增长 52.22%；销售收入 370.00 万元，同比增长 106.39%。辽宁出塘量 18 800.00 吨，同比增长 2.17%；销售收入 1 469.00 万元，同比增长 37.29%。山东出塘量 1 735.00 吨，同比减少 96.67%；销售收入 440.00 万元，同比减少 95.54%。

2. 苗种投入大幅增加　2022 年，海带苗种投放 3 201.19 千克，投苗费用 170.24 万元，同比增加 66.87%。其中，山东投苗费用 61.10 万元，同比减少 19.65%；福建投苗费用 9.14 万元，同比增加 52.80%；辽宁投苗费用 100 万元，同比增加 100%。苗种价格在 280～340 元/帘，同比增长 28%～49%，涨幅较大。

3. 海带价格同比上涨　各省采集点海带综合出塘单价涨幅明显。福建综合出塘单价 3.58 元/千克，同比增长 35.61%；山东综合出塘单价 2.54 元/千克，同比增长 34.39%；辽宁综合出塘单价 0.78 元/千克，同比增长 34.48%。由图 3-52 可见，2021 年 9—11 月海带价格上涨，处于近几年高位，养殖户批量出售，几乎没有库存，加之 2022 年山东海带受灾，产量大幅下滑，下半年海带价格回升，各省综合出塘单价均大幅上涨。

4. 生产成本　采集点生产投入共 1 710.26 万元，同比下降 47.17%。主要包括物质投入、服务支出和人力投入三大类，分别为 309.34 万元、103.78 万元和 1 297.14 万元，分别占比为 18.09%、6.07% 和 75.84%。其中，物质投入同比增长 30.18%，增幅较大，主要是受 2021 年山东海带灾害影响，多数养殖户批量性补苗，苗种价格上涨；服务支出同比下降 7.77%；人力投入同比下降 55.07%，主要是因为山东海带几乎绝产，没有大批量人工投入进行海带收割。生产成本比例见图 3-53。

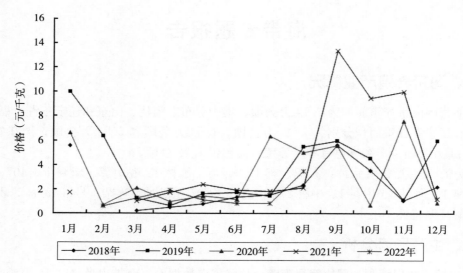

图 3-52　2018—2022 年海带月度出塘价格情况

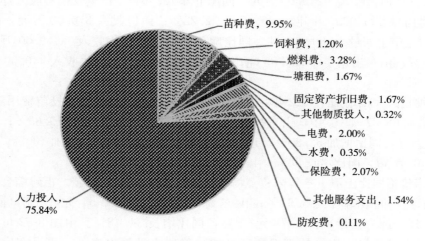

图 3-53　2022 年海带生产投入要素比例

三、山东海带受灾分析及预测

2022 年山东部分地区海带几近绝产。经初步分析，灾害原因可能：①渤海湾赤潮原因。赤潮包含的各类微藻与海带争夺营养盐，发生化感作用，且赤潮期间海带得不到充分光照。②持续降水原因。连续降水导致近海水域氮磷比异常，且赤潮后营养盐缺乏，水色变清使海带受光急剧加强。③底层洋流异常原因。秋冬季以来，由南向北进入渤海湾的底层洋流异常强大，导致近海水温较往年偏高 1～3℃，盐度降低 2 左右，对海带等冷水藻类生长极为不利。海带灾害引起价格上涨，海带价格上涨导致鲍及海参的饵料供应成了产业发展限制因素之一。

目前山东积极开展生产自救，预测 2023 年海带养殖将逐步恢复。

四、对策建议

1. 积极推进海带养殖产业新旧动能转换 海带养殖业属于劳动密集型产业，用工量较大。近几年，劳动力等生产成本逐年攀升，加重了养殖生产主体负担。海上养殖、海带晾晒、夹苗等劳动力的工资几乎翻倍，生产资料提价，再加之海域使用费、土地租赁等，生产成本逐年提高，并且存在招工难的问题。建议在新旧动能转换大背景下，大力开展海带收割自动化、机械化生产装备研发，进而减少用工数量，降低生产成本，增加经济效益。

2. 优化调整海水养殖结构 优化海带养殖规模，适度开展龙须菜、扇贝、鲍等其他品种养殖，以降低市场风险，增加养殖业户收入。

3. 鼓励企业加大海带精深加工 在山东，一些公司用鲜海带生产生物肥料，或利用盐渍海带直接生产烘干海带丝等；福建的某些公司用小海带进行产品加工，也延伸了产业链。

4. 鼓励科研院所与相关企业合作 加大宣传力度，树立品牌意识，鼓励科研院所联合企业开发海带适销的加工品种。拓展国内海带消费市场，使其成为大众乐于消费的海洋蔬菜。

5. 开展其他饵料海藻养殖 4 月以后，水温逐渐回升，建议有条件的单位适当开展鼠尾藻、马尾藻以及石莼等种类的养殖，作为鲍鲜活饵料的补充。这些海藻因为自然分布在潮间带，比海带耐强光。

（景福涛　于本淑）

紫菜专题报告

我国栽培紫菜主要是坛紫菜和条斑紫菜。江苏以南主要栽培坛紫菜，江苏以北主要栽培条斑紫菜。

一、采集点设置

全国共有 3 个省份设有紫菜渔情信息采集点。福建设有采集县（区、市）4 个（惠安、平潭、霞浦、福鼎），采集点 7 个，采集面积 47.33 公顷。浙江设采集县（区、市）2 个（苍南、温岭），采集点 3 个，采集面积 15.80 公顷。江苏设采集县（区、市）3 个（大丰、赣榆、海安），采集点 4 个，采集面积 356.67 公顷。采集面积 419.80 公顷，同比增加 82.34 公顷。

二、生产与销售

坛紫菜信息采集分为两个时间段，2022 年 1—3 月采集的信息由 2021 年 9 月或 10 月投苗产生，9—12 月采集的信息由 2022 年 9 月或 10 月投苗产生。江苏赣榆采集点为坛紫菜与条斑紫菜换网养殖，10—12 月采集的信息由 2022 年 8 月坛紫菜投苗产生；1—4 月采集的信息由 2021 年 10 月条斑紫菜投苗产生。江苏海安采集点 5—10 月销售量为 2021 年存塘量。

2022 年，全国采集点紫菜销售量为 5 019 741 千克，同比增加 94.76%；销售额为 48 676 933 元，同比增加 121.94%。福建、浙江、江苏的销售量和销售额见表 3-44。2022 年，江苏紫菜存塘量为 30 000 千克，福建存塘量为 85 000 千克，其中江苏海安 2 个采集点 5—9 月发生存量销售。

表 3-44 2022 年紫菜销售量和销售额及与 2021 年同期情况对比分析

区域	销售量（千克）			销售额（万元）		
	2022 年	2021 年	增减率（%）	2022 年	2021 年	增减率（%）
福建	860 275	395 625	117.45	551.94	299.25	84.44
浙江	202 516	174 255	16.22	109.51	76.41	43.32
江苏	3 956 950	2 007 575	97.10	4 206.25	1 817.57	131.42
合计	5 019 741	2 577 455	94.76	4 867.69	2 193.22	121.94

从年度分析，2022 年，坛紫菜采收销售比 2020 年和 2021 年提前 1 个月，2021 年和 2022 年坛紫菜单价高于 2020 年。从区域分析，福建 2022 年坛紫菜单价高于浙江和江苏（表3-45）。江苏仅赣榆采集点养殖坛紫菜，该采集点上半年养殖条斑紫菜，下半年养殖坛紫菜。另外，采集点的信息显示，福建平潭和惠安采集点第一水坛紫菜的销售价格高于其他采集点。

表 3-45 2020—2022 年坛紫菜单价（元/千克）

月份	浙江省			福建省			江苏省		
	2022 年	2021 年	2020 年	2022 年	2021 年	2020 年	2022 年	2021 年	2020 年
1 月	6.64	3.31	3.24	4.13	3.51	1.00	—	—	—
2 月	6.44	2.83	1.85	7.72	5.41	2.00	—	—	—
3 月	4.00	3.97	—	—	—	—	—	—	—
4 月	—	—	—	—	—	—	—	—	—
5 月	—	—	—	—	—	—	—	—	—
6 月	—	—	—	—	—	—	—	—	—
7 月	—	—	—	—	—	—	—	—	—
8 月	—	—	—	—	—	—	—	—	—
9 月	3.00	—	—	26.00	—	—	5.80	—	—
10 月	5.39	—	3.25	4.80	16.00	18.10	2.00	5.01	4.00
11 月	5.39	8.43	1.95	4.33	13.55	3.53	6.30	5.00	2.73
12 月	5.41	4.01	4.77	6.42	6.41	3.03	4.59	—	5.09
均价	5.18	4.51	3.01	8.90	8.98	5.53	4.67	5.00	3.94

三、生产投入

紫菜生产投入包括物质投入、人力投入和服务支出。2022 年，紫菜生产投入比 2021 年增加 6.22％，其中服务支出同比增加 147.02％，人力投入同比增加 17.35％，物质投入同比减少 11.94％，见表 3-46。其中物质投入中占比较大的为固定资产折旧费和燃料费；服务支出中占比较大的为电费、保险费和其他支出（主要是生产材料的更新）。

表 3-46 2022 年紫菜生产投入及与 2021 年对比情况

项目	金额（万元）		
	2022 年	2021 年	增减率（％）
生产投入	1 455.10	1 369.86	6.22
（一）物质投入	672.04	763.16	−11.94
1. 苗种投放	105.43	111.41	−5.37
（1）投苗情况	49.10	60.05	−18.23
（2）投种情况	56.33	51.36	9.68
2. 饲料费	0	0	
（1）原料性饲料	0	0	
（2）配合饲料	0	0	
（3）其他饲料	0	0	

（续）

项目	金额（万元）		
	2022 年	2021 年	增减率（%）
3. 燃料费	126.60	140.61	−9.96
（1）柴油	119.40	50.82	134.95
（2）其他燃料	7.20	89.79	−91.98
4. 塘租费	75.30	87.33	−13.78
5. 固定资产折旧费	340.31	360.37	−5.57
6. 其他物质投入	24.40	63.44	−61.54
（二）服务支出	135.49	54.85	147.02
1. 电费	65.10	29.99	117.07
2. 水费	1.56	2.83	−44.88
3. 防疫费	0.80	0.35	128.57
4. 保险费	45.77	15.91	187.68
5. 其他服务支出	22.26	5.77	285.79
（三）人力投入	647.57	551.85	17.35
1. 雇工	185.14	163.22	13.43
2. 本户（单位）人员	462.43	388.63	18.99

从各项投入中可看出，紫菜是对劳动力需求比较高的一个养殖品种，人力投入占生产投入的 44.50%。

四、受灾损失

2022 年，紫菜生产受灾损失主要是由于浙江苍南采集点 10—12 月发生病害导致。浙江因病害造成的损失为 60 000 千克，损失金额 7.70 万元。福建和江苏两省采集点均未产生受灾损失。

五、2022 年紫菜生产总体形势分析和 2023 年生产预测

2022 年上半年，因 2021 年下半年投苗后，福建遭遇高温和敌害生物，其中 2 个采集点绝收，1 个采集点只采收 1 个月。下半年，福建坛紫菜投苗生产根据海区水温投放，实现丰产丰收，仅霞浦县出现严重烂菜现象，同海区个别养殖户由于投放坛紫菜新品种"申福 2 号"苗种，避免了损失。2022 年，紫菜生产总体形势好于 2021 年，销售量和销售额都高于 2021 年。2023 年，从福建与浙江的投苗情况分析，养殖品种坛紫菜在江苏的养殖规模有扩大的趋势。

六、相关建议

1. 加快科技创新驱动，强化科技引领作用　充分发挥藻类产业体系的技术支撑作用，

开发出适应环境多变的抗逆品种和适宜市场需求且附加值高的紫菜新品种。

2. 加大政策扶持 建议将大型海藻栽培纳入国家农业政策性保险，落实和实施碳汇补贴等。2023 年，中央 1 号文件提出培育壮大藻类产业，建议安排专项资金，加大紫菜离岸深水养殖的研究，助推"海上粮仓"建设。

3. 加大紫菜科普培训，规范养殖生产行为 通过开展科学普及及科技培训，促进养殖企业和养殖户的知识更新，进一步规范养殖生产行为，同时加大新品种的推广应用。

（刘燕飞）

中华鳖专题报告

一、基本情况

2022 年，全国中华鳖养殖渔情监测工作在河北（采集点 3 个）、江苏（采集点 1 个）、浙江（采集点 10 个）、安徽（采集点 4 个）、江西（采集点 4 个）、湖北（采集点 3 个）、广西（采集点 2 个）等 7 个省份设置采集点 27 个，与 2021 年持平。其中浙江采集点最多，达到 10 个。全国采集点共出塘商品鳖 1 958.18 吨，销售收入 9 687.03 万元。

二、养殖渔情分析

1. 生产销售情况　全国养殖渔情信息采集点中华鳖 2022 年销售生产总体情况如表 3-47 所示。全年出塘量 1 958.18 吨，同比减少 13.91%；销售收入 9 687.03 万元，同比减少 14.81%。主要原因：①气候因素。2022 年夏季长期干旱高温天气影响了中华鳖摄食，减缓了生长；而 10—11 月平均气温高于往年，增加了中华鳖越冬前的营养消耗，导致产量下降。②疫情影响。2022 年受新冠疫情影响，消费需求下降，销售量降低。部分销售主体甚至主动调整了销售计划，如临平区某养殖场将计划销售时间推迟至次年一季度。2022 年全场商品鳖销售量同比减少 66.88%。据养殖场预测，目前存塘商品鳖仍有 1.25 万千克，存塘产值约 80 万元。

但与此同时，采集点全年生产投入 8 331.69 万元，同比增加 12.35%，导致采集点年收益仅 1 355.34 万元，较 2021 年减少 2 600.72 万元，降幅达 65.74%。

表 3-47　2022 年中华鳖生产总体情况及与 2021 年对比

项目	金额（万元）		
	2022 年	2021 年	增减率（%）
销售情况	9 687.03	11 371.74	−14.81
生产投入	8 331.69	7 415.68	12.35
年收益	1 355.34	3 956.06	−65.74

2. 生产投入情况　2022 年，采集点的物质投入、服务支出和人力支出均出现不同程度上涨（表 3-48），生产总投入 8 331.38 万元，同比增加 12.35%，表明中华鳖的养殖成本在不断增加。在具体生产投入费用中，除了苗种投放费、保险费和服务支出的其他费用外，其余几项支出均有所增加，其中水费、塘租费和饲料费等增幅居前。苗种投放减少的主要原因是，由于出塘量减少，新投放苗种量随之减少。

表 3-48　2022 年中华鳖生产投入情况及与 2021 年对比

项目	金额（万元）		
	2022 年	2021 年	增减率（%）
生产投入	8 331.38	7 415.87	12.35

（续）

项目	金额（万元）		
	2022年	2021年	增减率（%）
（一）物质投入	7 513.33	6 652.43	12.94
1. 苗种投放费	1 516.50	1 773.38	−14.49
2. 饲料费	5 500.04	4 466.08	23.15
3. 燃料费	66.65	55.53	20.03
4. 塘租费	238.10	185.55	28.32
5. 固定资产折旧费	156.28	145.90	7.11
6. 其他物质投入	35.76	25.99	37.59
（二）服务支出	268.02	233.51	14.78
1. 电费	150.96	122.01	23.73
2. 水费	7.65	4.41	73.47
3. 防疫费	69.31	64.63	7.24
4. 保险费	2.04	3.44	−40.70
5. 其他服务支出	38.06	39.02	−2.46
（三）人力投入	550.03	529.93	3.79

3. 生产投入构成情况 从2022年生产投入构成来看，饲料费占比66.02%、饲料支出依旧占绝对地位（图3-54）。主要是因为受俄乌冲突及疫情双重影响，鱼粉、大豆等主要依赖进口的饲料原材料价格不断上涨，导致饲料价格水涨船高。鳖用饲料的蛋白质含量通常为42%～46%，较普通鱼虾类饲料的成本要高，受影响更大。预计2023年中华鳖饲料价格仍然会保持上涨态势。

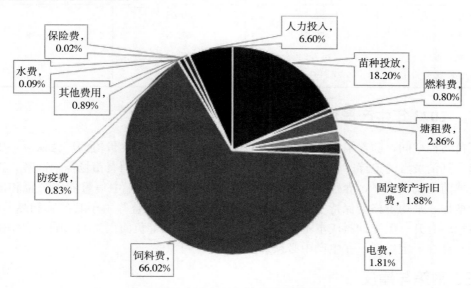

图3-54 2022年鳖采集点生产投入情况

4. 出塘价格情况 2022 年采集点中华鳖平均出塘价格为 49.47 元/千克，同比降低 0.43 元/千克，降幅为 0.86%，与 2021 年基本持平。但全年价格波动较大，7 月价格最高，为 242.5 元/千克；10 月最低，仅为 34.63 元/千克（图 3-55）。价格变动与消费需求息息相关。

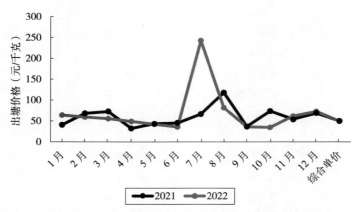

图 3-55　2022 年和 2021 年采集点鳖出塘价格走势

5. 生产损失情况 2022 年，采集点受灾损失 92.78 万元，同比增加 15.76%，其中病害损失 77.59 万元，同比增加 34.38%，自然灾害损失 2.94 万元，其他灾害损失 12.25 万元（表 3-49）。和往年一样，病害依然是造成中华鳖产量损失的主要原因，占了总经济损失的 83.63%。

表 3-49　2021 年和 2022 年中华鳖受灾情况对比

损失种类	金额（万元）		
	2022 年	2021 年	增减率（%）
受灾损失	92.78	80.15	15.76
1. 病害	77.59	57.74	34.38
2. 自然灾害	2.94	0.00	—
3. 其他灾害	12.25	22.41	−45.34

二、2023 年生产形势预测

疫情防控期间，随着消费者保健意识的提高和对中华鳖营养价值的广泛认可，中华鳖越来越受到消费者的追捧。随着新冠疫情的逐步消退，中华鳖消费市场需求回暖，逐渐恢复到疫情前的正常水平，养殖户的养殖热情增加。预计 2023 年中华鳖养殖产量和出塘量会有所增加，平均价格会保持平稳，品牌中华鳖、生态养殖鳖等由于其品牌和品质优势，价格将稳中有升。但受饲料成本不断上涨、养殖病害多发等负面因素的影响，中华鳖养殖效益提升存在一定难度，在生产中必须加以重视。

三、对策与建议

1. 创新养殖技术模式 大力推广中华鳖仿生态养殖、生态混养、太阳能新型温室养殖等健康养殖模式，积极发展中华鳖稻田综合种养，提升产品质量，扩大养殖面积，促进产业转型升级。

2. 加快新品种选育　根据目前我国中华鳖主要养殖模式和存在问题，加快选育适合稻田养殖等新型养殖模式、抗病力强的中华鳖新品种，扶持一批实力较强的中华鳖苗种生产企业，做好优质种苗繁育推广工作。

3. 做好病害防控工作　针对当前中华鳖病害多发且治疗难度较大的特点，践行"预防为主"方针，严格检验检疫管理，立足生态防控和绿色防控；加强中华鳖病害研究，探索中华鳖用药减量技术。

4. 延伸中华鳖产业链　①要继续推进中华鳖加工产业特别是精深加工业的发展，丰富产品种类，扩大市场规模，进一步延长中华鳖产业链，提高经济效益。②加快中华鳖预制菜开发与推广力度，减少中华鳖进家庭的主要阻力，扩大消费群体。③继续拓展中华鳖销售经营渠道，加快发展中华鳖电商。

5. 加强中华鳖品牌建设　加强品牌建设和文化宣传，打造从基地到餐桌的产业链，在老百姓心目中树立品牌形象，通过举办美食文化节、农博会展览、休闲渔业、生态旅游观光等项目，提升中华鳖产业附加值，增强核心竞争力。

（郑天伦　施文瑞　周　凡）

海参专题报告

一、2022 年海参养殖总体形势

2022 年，海参养殖业总体产量保持平稳增长，出塘量同比增加，平均出塘价格同比下降。海参苗种价格同比下降，生产投入同比下降。海参养殖利润较 2021 年同比增加。自然灾害导致的海参养殖经济损失同比下降。

二、海参主产区分布

全国海参养殖主要分布在辽宁、山东、河北、福建，在江苏、浙江、广东、海南也有少量养殖。根据《2022 中国渔业统计年鉴》数据统计，全国海参养殖面积约 24.74 万公顷。辽宁、山东、河北、福建的海参养殖面积分别为 15.9 万公顷、7.87 万公顷、0.79 万公顷、0.15 万公顷；江苏、浙江、广东的总海参养殖面积约 0.03 万公顷。

三、采集点设置情况

全国海参养殖渔情信息采集点共设置 21 个，采集面积 24 291 亩，同比持平。其中，辽宁 7 个采集点，养殖面积 8 750 亩，占总面积 36.0％；河北 4 个采集点，养殖面积 3 100 亩，占总面积 12.8％；山东 7 个采集点，养殖面积 12 400 亩，占总面积 51.0％；福建 3 个采集点，养殖面积 41 亩，占总面积 0.2％。辽宁、河北、山东采集点海参养殖方式为海水池塘养殖，福建采集点海参养殖方式为海水吊笼养殖。

四、2022 年海参生产形势特点及原因分析

1. 出塘量增加，收入下降　根据全国养殖渔情监测系统 2022 年 1—12 月数据统计显示，海参采集点出塘量 2 149.43 吨，同比增加 17.58％；出塘收入 29 096.6 万元，同比下降 2.11％（图 3-56）。

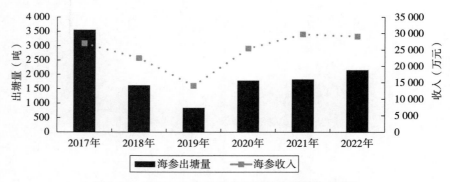

图 3-56　2017—2022 年海参出塘量和销售收入对比

海参养殖出塘量增加的主要原因：①新冠疫情期间，随着因时因势优化调整的防控政策，在互联网经济的催化下，海参养殖产业平台经济、分享经济、网红经济加速发展，有

效带动海参养殖出塘量连续三年稳步增长。②海参产业在养殖品种、养殖技术、养殖模式等方面不断创新,苗种-成参分段式养殖、外海网箱养殖、深海底播增养、吊笼养殖等技术模式的应用均大幅提高海参单位产量。③随着海参加工技术持续更新,海参预制菜、即食海参、调味海参、速发干海参市场热销,带动海参精深加工与综合利用企业对鲜活海参的需求量增加。④2022 年春季,福建吊笼养殖海参出塘量较 2021 年大幅增加,原因是 2021 年秋季福建海参投苗量增加,同比提高近 30%。

全年海参采集点养殖总体收入下降的原因是受海参出塘价格同比下降等因素影响(图 3-57 和图 3-58)。

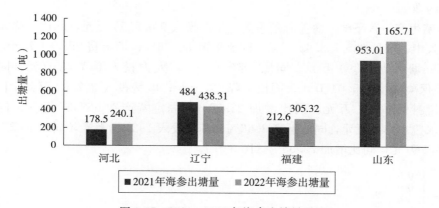

图 3-57   2021—2022 年海参出塘量对比

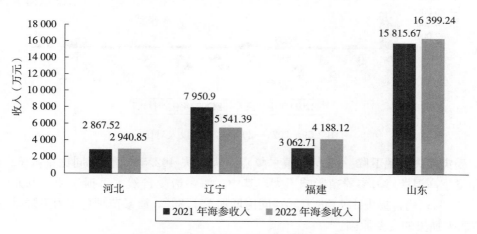

图 3-58   2021—2022 年海参销售收入对比

2. 出塘价格下降   根据全国养殖渔情监测系统数据统计显示,全国海水池塘养殖海参采集点出塘平均价格 135.37 元/千克,同比下降 16.75%。

海参出塘价格下降的主要原因:①海参苗种价格下降。受新冠疫情影响,苗种向外地运输减少,海参工厂化育苗上市销售数量下降,工厂化海参苗价格同比下降。②外海网箱养殖海参的苗种需求量下降,部分地区因规范网箱养殖而拆除部分网箱,网箱海参苗需求下降,网箱海参苗价格同比下降。2022 年,辽宁海参平均出塘价格约 126.43 元/千克,同比下降 23.04%。河北海参平均出塘价格约 122.48 元/千克，同比下降 23.76%。山东海参平均出塘价格约 140.68 元/千克，同比下降 15.23%。福建春季海参平均出塘价格约 137.17 元/千克，同比下降 4.78%。

3. 苗种价格下降　2022 年海参苗种价格下降。受新冠疫情多地复发、海参苗种上市销售时期遭遇产地封控无法向外运输等因素影响，池塘养殖海参苗种价格较 2021 年同期下降。辽宁、河北、山东海参苗价格呈阶梯式下降，海参苗价格最高为 160 元/千克（规格 100～200 头/千克），最低价格为 100 元/千克（规格 100～200 头/千克）。2022 年秋季，福建海参养殖户在辽宁采购海参手捡苗价格约 140 元/千克（规格 10～40 头/千克），同比下降约 20%。

4. 养殖生产投入下降　海参养殖采集点生产投入 9 628.55 万元，同比下降 41.49%。在生产投入中，苗种费 5 733.93 万元，同比下降 50.96%；饲料费 299.87 万元，同比下降 68.2%；塘租费 1 590 万元，同比下降 0.29%；人力投入 941.77 万元，同比下降 20.14%；保险费投入 5.04 万元，同比下降 17.51%；电费投入 207.93 万元，同比增加 4.61%；燃料费 46.51 万元，同比增加 27.06%；固定资产费 563.37 万元，同比增加 5.82%；水费 11.41 万元，同比下降 3.66%；其他投入 192.22 万元，同比下降 17.84%；防疫费 36.5 万元，同比增加 22.95%（图 3-59）。

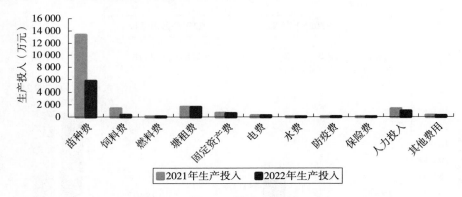

图 3-59　2021—2022 年生产投入对比

5. 受灾损失大幅下降　海参养殖采集点受灾损失 402.58 万元，同比下降 62.18%。2022 年夏季高温期对海参养殖影响不大。其中，海参遭受自然灾害损失 265 万元，同比下降 73.76%；病害损失 137.58 万元，同比增加 151.8%，海参苗种免疫力下降是造成海参养殖病害损失的主要原因。

五、存在的问题

1. 产业监管仍需加强　各地海参养殖生产主体的监管程度和管理水平参差不齐，导致养殖信息记录缺失，收集的信息可靠性下降，直接制约了海参产品可追溯制度的建立。

2. 科技研发投入不足　海参产业科技成果转化率低，海参产业全链条技术创新和应用力度有待进一步加强。

六、发展建议

1. 建立质量安全追溯体系   制定并实施保障海参产业质量安全的法律法规和标准；建立海参养殖质量安全追溯体系；健全海参产品市场准入制度、召回制度和安全社会信用体系；加强海参产业相关环节监管，为产业可持续发展营造良好环境。

2. 加大产业科技投入力度   建立海参产业科技研发平台，加强海参产业科技成果研发和人才培养，形成产学研联动机制。汇聚广大科研力量，加强技术集成，为海参产业绿色高质量发展服务，为海参产业综合效益提升贡献科技力量。

七、2023 年海参养殖生产形势预测

海参养殖总体生产形势将持续恢复向好。预计 2023 年，海参养殖产量将会在海参网箱养殖、精深加工、海参预制菜、产地品牌建设和市场销售等方面的引领带动下获得提升。随着国内疫情管控措施放开，海参实体店、餐饮等市场逐渐全面恢复，海参出塘价格将有所上涨。海参养殖业的绿色生态、持续创新、安全健康发展，将促进海参全产业链加速融合，增强海参产业发展的竞争力，为海参产业经济持续健康发展提供重要支撑。

（刘学光）

海蜇专题报告

一、2022 年海蜇养殖总体形势

2022 年，海蜇养殖面积总体保持稳定，产量同比增加，出塘价格同比下降，养殖收入同比下降，养殖生产投入下降，由自然灾害导致的经济损失下降。

二、海蜇主产区分布及生产情况

全国海蜇养殖主产区主要分布于辽宁、山东、江苏、浙江以及福建等地。河北和广东的海蜇养殖面积相比较小。根据《2022 中国渔业统计年鉴》数据统计，全国海蜇养殖面积约 17.3 万亩，产量约 7.78 万吨。目前，海蜇池塘养殖模式主要是海水池塘混养模式。混养模式包括海蜇与对虾混养、海蜇与缢蛏混养、海蜇与海参混养、海蜇与牙鲆或河豚混养，进一步提高了海蜇养殖经济效益。

三、海蜇生产形势特点及原因分析

1. 出塘量增加、收入下降　根据全国养殖渔情监测系统 2022 年采集数据，海蜇出塘量 905 吨，同比增加 9.5%；销售收入 691.2 万元，同比下降 27.58%（图 3-60）。海蜇养殖步入了以生态养殖为主的新阶段，海蜇生长季节雨水充足，养殖水体营养丰富，海蜇养殖产量同比增加。受新冠疫情影响，加工企业对海蜇加工数量下降，海蜇出塘价格同比下降，养殖收入同比下降。

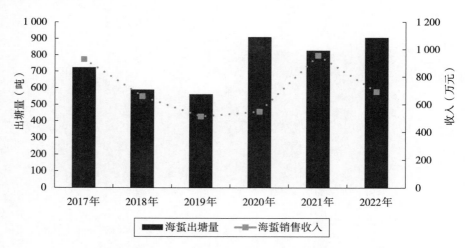

图 3-60　2017—2022 年海蜇采集点出塘量和销售收入对比

2. 出塘价格同比下降　采集点海蜇平均出塘价格 7.64 元/千克，同比下降 33.85%（图 3-61）。海蜇出塘价格下降的主要原因是新冠疫情造成海蜇加工企业加工数量下降、海蜇出口量下降。

2022年，辽宁采集点海蜇平均出塘价格约7.6元/千克，同比下降33%；河北采集点海蜇平均出塘价格约7元/千克，同比下降28.6%；福建采集点海蜇平均出塘价格约6元/千克，同比下降47%；山东采集点海蜇平均出塘价格约8元/千克，同比下降38.46%。

图 3-61　2017—2022年海蜇平均出塘价格

3. 苗种价格下降　2022年，新冠疫情多点散发，海蜇养殖生产受疫情影响相对时间较长，我国南方地区海蜇苗向北方地区销售出现困难，海蜇苗价格同比下降20%。

4. 养殖生产投入下降　采集点海蜇养殖生产投入357.53万元，同比下降11.39%。海蜇养殖生产中苗种费、水电费、防疫费、固定资产投入、人力投入较2021年同期下降。海蜇苗种费31万元，同比下降54.5%；水电费10.63万元，同比下降52.76%；防疫费37.1万元，同比下降31.3%；固定资产零投入，同比下降6.93万元；人力投入27.7万元，同比下降9.77%。海蜇养殖生产中饲料费、塘租费、其他投入同比增加。饲料费86.3万元，同比增加34.26%；塘租费142.5万元，同比增加4.11%；其他投入22.3万元，同比增加11.28%（图3-62）。各项占比见图3-63。

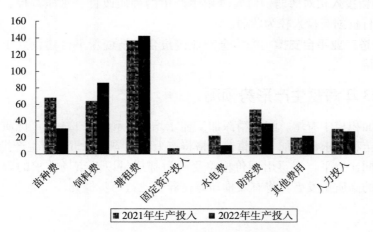

图 3-62　2021—2022年海蜇生产投入对比

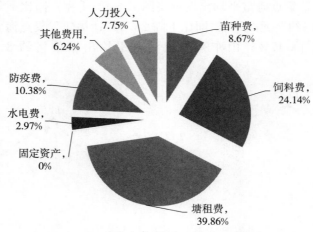

图 3-63 2022 年海蜇生产投入构成情况

四、海蜇市场供需情况

1. 海蜇养殖产量增加　2022 年，通过海蜇养殖场实地调研了解，海蜇养殖主产区生态稳定，海蜇养殖环境良好。通过积极开展多茬养殖模式，控制每茬海蜇幼苗投放密度，延长海蜇的可收获期，增加产量。

2. 海蜇产品向国外拓展　辽宁省已经连续 5 年在营口市举办海蜇节，2022 中国（营口）海蜇节采取线上直播连线、线下展览展示方式，线上打造海蜇交易平台实现与国内外企业订单交易，线下打造特色精品增强市场竞争力，签约销售额达 4.94 亿元。营口市海蜇养殖、捕捞及加工历史悠久，海蜇产业是当地渔业传统支柱产业。营口海蜇年出口量约 1.2 万吨，占全国总出口量的 80%。

五、海蜇养殖目前存在问题

1. 产业创新投入相对薄弱　海蜇养殖生产中的种质改良、水质调控、专用饲料、病害防治等方面科技创新投入较为薄弱。

2. 缺少先进产业平台支撑　海蜇全产业链集合科技创新平台建设处于初级阶段，急需有关政策扶持。

六、2023 年海蜇生产形势预测

海蜇养殖面积稳中有增。海蜇精深加工需求增加。预计 2023 年，优质海蜇苗以及较大规格的海蜇苗种需求量增加，海蜇苗价格将有上涨趋势，海蜇养殖生产投入将增加，海蜇养殖产量的同比持平，海蜇出塘价格将受外海捕捞量以及市场需求的影响出现小幅波动。海蜇产业的高质量发展，将有效推动海蜇养殖效益稳步提升。

（刘学光）

黄鳝专题报告

一、采集点基本情况

2010 年以来，全国黄鳝养殖方兴未艾，势头强劲，产量主要集中在湖北、江西、湖南、安徽等省份，网箱养殖黄鳝已成为当地水产优势特色产业、农民致富奔小康的重要途径。网箱养殖黄鳝主要有以下几个特点：①养殖网箱规格小型化，网箱规格普遍由原来的 18 米^2 左右发展至现在的 4~6 米^2，以便于同规格苗种一次性放养，同时也便于饲养管理和取捕；②配合饲料和新鲜饲料相结合饲养，一般 0.5 千克配合饲料和 1 千克新鲜饲料（小杂鱼或其他低值鱼类）混合使用；③配套服务基本齐全，从网箱加工制作，饲料、鱼药供应，到苗种采购、产品销售等均有专业团队服务。

2022 年，全国水产技术推广总站在江西省设立了 14 个黄鳝采集点，采集点养殖方式为池塘网箱养殖。

二、生产形势分析

1. 采集点出塘量和销售额情况　2022 年采集点黄鳝出塘量 47 628 千克，同比减少 38.64％；销售额 2 011 950 元，同比减少 58.22％（表 3-50）。黄鳝出塘高峰期集中在 1 月和 12 月，出塘淡季在 3—7 月。

表 3-50　2022 年采集点黄鳝出塘量和销售额及与 2021 年对比情况

销售额（元）			销售数量（千克）		
2021 年	2022 年	增减率（％）	2021 年	2022 年	增减率（％）
4 815 706	2 011 950	−58.22	77 618	47 628	−38.64

2. 采集点出塘价格分析　2022 年采集点黄鳝全年出塘均价为 42.24 元/千克，同比降低 31.91％。其中，1 月出塘价最高，达 66.13 元/千克，12 月出塘价最低，为 28.8 元/千克（图 3-64）。

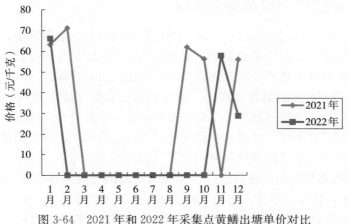

图 3-64　2021 年和 2022 年采集点黄鳝出塘单价对比

3. 采集点生产投入分析 2022 年采集点黄鳝累计生产投入 6 917 017 元，同比上升 97.99%。其中，物质投入 6 458 227 元，同比上升 105.03%；服务支出 192 790 元，同比上升 28.13%；人力投入 266 000 元，同比上升 37.61%（表 3-51）。

表 3-51 2022 年采集点黄鳝生产投入情况及与 2021 年对比分析

项目	金额（元）		
	2021 年	2022 年	增减率（%）
生产投入	3 493 647	6 917 017	97.99
一、物质投入	3 149 884	6 458 227	105.03
1. 苗种投放	1 845 200	5 292 400	186.82
2. 饲料费	1 057 690	1 041 967	−1.49
3. 燃料费	0	0	0
4. 塘租费	164 400	114 000	−30.66
5. 固定资产折旧费	78 119	7 560	−90.32
6. 其他物质投入	4 475	2 300	−48.60
二、服务支出	150 470	192 790	28.13
1. 电费	39 240	122 490	212.16
2. 水费	0	0	0
3. 防疫费	100 130	57 700	−42.37
4. 保险费	0	2 200	0
5. 其他服务支出	11 100	10 400	−6.31
三、人力投入	193 293	266 000	37.61
1. 雇工	97 160	125 600	29.27
2. 本户（单位）人员	96 133	140 400	46.05

2022 年采集点黄鳝生产投入中，苗种费占比最大为 76.51%，其次为饲料费占比 15.06%（图 3-65）。

三、2023 年生产形势预测与建议

预计 2023 年黄鳝养殖仍将延续 2022 年的良好市场形势。但现阶段，我国黄鳝养殖产业仍存在养殖模式单一、苗种来源受限、价格偏低且不稳定、养殖投资大、风险高等一些不足之处。为促进黄鳝养殖产业持续健康发展，特提出以下建议。

1. 加强黄鳝育苗技术的研发与推广 黄鳝养殖行业要想持续发展，必须在育苗技术上有所突破，无论是人工繁殖技术还是自繁自育的技术。此外，大棚暂养是一个十分适用的技术，通过大棚暂养不仅可以避开不利天气对放苗的影响，还可以提高苗种的存活率和开口率，减少损苗，减少黄鳝鱼放苗期间对天气的依赖。

2. 加强养殖网箱规格的改进与推广 养殖黄鳝的网箱规格经历了几次变革，由最初的 2 米×6 米规格，慢慢发展为 2 米×5 米规格，然后又变成 2 米×4 米规格，2010 年之后以 2 米×3 米规格为主，近两年部分地区又出现 2 米×2 米的小网箱，但网箱总面积占

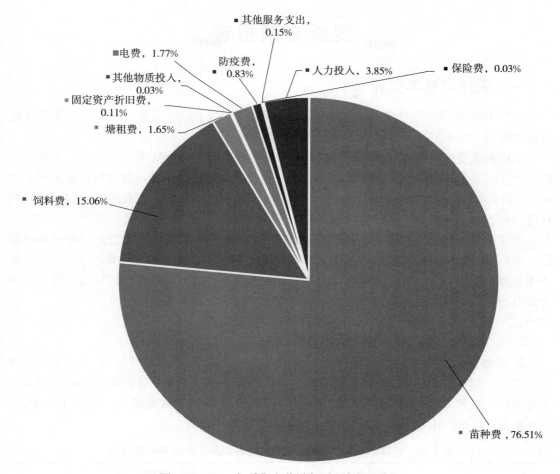

图 3-65 2022 年采集点黄鳝各项生产投入占比

养殖水体面积的 50%~60%，进一步加强养殖黄鳝的网箱规格大小研究与种植水草的筛选，以便于管理，减少病害的发生。同时，网箱成排分布在池塘中，间距在 1 米左右，网箱中主要种植水葫芦、水花生，起到净化水质、便于起网操作的作用。

3. 加强套养品种模式的研究与推广 目前池塘网箱养殖黄鳝技术已十分成熟，但关于外塘套养品种与模式可以开展研究与进行推广，除了投放四大家鱼外，黄颡鱼、鳜、克氏原螯虾等都可以尝试套养，选择套养一种或几种效益较好的水产品种，可以有效增加池塘网箱养殖黄鳝的经济效益。

（孟 霞）

泥鳅专题报告

一、采集点基本情况

2022 年，全国水产技术推广总站在江西省设立了 13 个泥鳅采集点，采集点养殖方式为池塘养殖。泥鳅的养殖品种有本地泥鳅和台湾泥鳅。

本地泥鳅受苗种和养殖技术限制，养殖规模较小。台湾泥鳅凭着其个体大、生长速度快、产量高等优良特点，自 2012 年从台湾引进后很快就蔓延至全国，目前特别是泥鳅主产区，均以养殖台湾泥鳅为主，平均亩产可达 1 500 千克以上，以投喂膨化颗粒饲料为主，饲料蛋白水平 35%～38%，养殖成本每千克 10～14 元，饲料成本约占总成本的 60%～70%。

近年来，全国各地养殖企业积极探索泥鳅节本增效养殖模式：一种方式是增加养殖茬数，在原有一年养殖一茬成鳅的基础上，再养殖一茬寸片出售，增加产值；另一种方式是使用发酵饲料投喂，养殖成本可降低至 6～9 元/千克，主要方法为将粗饲料或豆粕等植物性蛋白源饲料原料经微生物充分发酵后，搭配全价配合饲料进行投喂。

二、生产形势分析

1. 采集点出塘量和销售额情况　2022 年采集点泥鳅出塘量 63 509 千克，同比增加 102.77%；销售额 1 495 236 元，同比增加 44.37%。从表 3-52 可以看出，泥鳅出塘高峰期集中在 1 月和 12 月，出塘淡季在 9 月和 10 月。其中 12 月出塘量最大，达 42 130 千克，同比增长 824.92%；销售额 921 900 元，同比增长 642.45%。

表 3-52　2022 年采集点泥鳅出塘量和销售额及与 2021 年同期对比

月份	销售额（元）			出塘量（千克）		
	2021 年	2022 年	增减率（%）	2021 年	2022 年	增减率（%）
1	98 250	143 310	45.86	3 675	5 775	57.14
2	41 261	68 700	66.50	1 660	2 630	58.43
3	77 890	39 990	−48.66	2 720	1 557	−42.76
4	68 870	7 308	−89.39	2 790	166	−94.05
5	60 150	82 910	37.84	1 751	2 660	51.91
6	195 800	63 968	−67.33	3 690	2 586	−29.92
7	132 500	14 300	−89.21	2 365	255	−89.22
8	80 950	55 300	−31.69	2 650	2 010	−24.15
9	47 090	13 150	−72.07	1 655	400	−75.83
10	41 750	40 550	−2.87	1 375	1 650	20.00
11	67 010	43 850	−34.56	2 435	1 690	−30.60
12	124 170	921 900	642.45	4 555	42 130	824.92
合计	1 035 691	1 495 236	44.37	31 321	63 509	102.77

2. 采集点出塘价格分析　2022 年采集点泥鳅全年出塘均价为 23.54 元/千克，同比降低 28.82%。其中，7 月出塘价最高，达 56.08 元/千克，12 月出塘价最低，为 21.88 元/千克（图 3-66）。

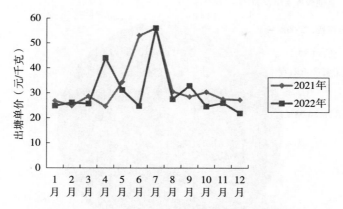

图 3-66　2021 年和 2022 年采集点泥鳅出塘单价对比

3. 采集点生产投入分析　2022 年采集点泥鳅累计生产投入 868 630 元，同比上升 32.73%。其中物质投入 726 510 元，同比上升 43.44%；服务支出 34 320 元，同比下降 16.90%；人力投入 107 800 元，同比上升 1.08%（表 3-53）。

表 3-53　2022 年采集点泥鳅生产投入情况及与 2021 年对比情况

项目	生产投入（元）		
	2021 年	2022 年	增减率（%）
生产投入	654 435	868 630	32.73
一、物质投入	506 485	726 510	43.44
1. 苗种投放	0	12 100	0
2. 饲料费	436 485	645 910	47.98
3. 燃料费	0	0	0
4. 塘租费	55 000	55 000	0
5. 固定资产折旧费	15 000	13 500	−10.00
6. 其他物质投入	0	0	0
二、服务支出	41 300	34 320	−16.90
1. 电费	16 850	15 840	−5.99
2. 水费	0	0	0
3. 防疫费	24 450	17 880	−26.87
4. 保险费	0	0	0
5. 其他服务支出	0	600	0
三、人力投入	106 650	107 800	1.08
1. 雇工	68 450	73 600	7.52
2. 本户（单位）人员	38 200	34 200	−10.47

2022 年采集点泥鳅生产投入中，饲料费占比最大为 74.36%，其次为人力投入占比 12.41%（图 3-67）。

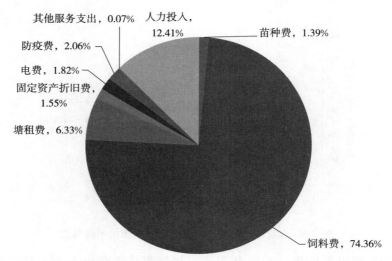

图 3-67　2022 年采集点泥鳅各项生产投入占比

三、2023 年生产形势预测与建议

预计 2023 年泥鳅养殖仍将延续 2022 年的良好市场形势，价格平稳。但现阶段，我国泥鳅养殖产业仍存在养殖模式单一、养殖产量不高等一些不足之处。为促进泥鳅养殖产业持续健康发展，特提出以下建议。

1. 加大投入，创新养殖技术模式　加大资金投入，设立专项基金，集中力量着力解决制约泥鳅苗种、养殖、病害等关键问题。采取消化创新与集成创新相结合的方式，积极探索优化泥鳅养殖过程中的关键技术，制定泥鳅产业各环节相关标准，着重开展泥鳅池塘精养、稻鳅综合种养、泥鳅精深加工产业的专项研究和推广。

2. 加大宣传，努力拓宽销售渠道　加强宣传引导和推介，引导渔民在发展台湾泥鳅养殖上注重在"销"字上做文章，以市场销售助推泥鳅产业发展，实现渔民增收。充分利用龙头企业、渔业专业合作社、家庭农场等新型市场经营主体的示范带动作用，积极推行"订单渔业"；加大泥鳅品牌培育，鼓励台湾泥鳅养殖企业、加工厂注册水产品商标，增强企业实力；引领示范开展泥鳅精深加工产品，多条腿走路，确保泥鳅产业的健康发展，努力打造从养殖到加工再到销售的整条产业链。

3. 加强自律，建立产业发展联盟　倡导泥鳅行业加强自律，组织协调政产学研各方积极参与，鼓励有能力和实力的龙头企业牵头成立泥鳅行业联盟或协会；引导企业强化市场意识，树立良性竞争、抱团发展理念，着力打造泥鳅产业集群。鼓励行业协会与保险机构合作探索开办商业性特种水产养殖保险，以降低生产风险，保障泥鳅产业的可持续发展。

（孟　霞）

图书在版编目（CIP）数据

2022 年养殖渔情分析 / 全国水产技术推广总站，中
国水产学会编 . —北京 ：中国农业出版社，2023.6
ISBN 978-7-109-31089-6

Ⅰ.①2… Ⅱ.①全… ②中… Ⅲ.①鱼类养殖—经济
信息—分析—中国—2022 Ⅳ.①S96

中国国家版本馆 CIP 数据核字（2023）第 173070 号

2022 年养殖渔情分析
2022NIAN YANGZHI YUQING FENXI

中国农业出版社出版

地址：北京市朝阳区麦子店街 18 号楼
邮编：100125
责任编辑：神翠翠
版式设计：王　晨　　责任校对：刘丽香
印刷：中农印务有限公司
版次：2023 年 6 月第 1 版
印次：2023 年 6 月北京第 1 次印刷
发行：新华书店北京发行所
开本：787mm×1092mm　1/16
印张：12.25
字数：291 千字
定价：96.00 元